コンクリートの水密性と
コンクリート構造物の水密性設計

村田二郎 著

技報堂出版

はじめに

　昭和21年(終戦の翌年)の秋のことである．筆者は，卒業研究の指導を受けるために吉田徳次郎先生の研究室にいた．そのときの先生のお話はおよそ次のようであったと思う．「わが国のコンクリートの研究は，強度の関連はかなり進んだので，これからは耐久性，水密性等に拡げてゆかなければならない」．そして「現在では，わが東京帝国大学にも透水試験機すら設置されていない」と慨嘆された．その結果，筆者の卒業研究の題目はほとんど特別な試験設備を必要としないコンクリートの吸水性の研究となった．

　昭和30年，筆者は国分正胤先生の御指導のもとに本格的にコンクリートの水密性の研究に取り組むことになり，約6年後，研究成果を取りまとめて"コンクリートの水密性の研究"土木学会論文集，第77号，昭和36年11月として公表した．

　この研究の実施にあたり，参考にした多くの文献の中で特に印象深いものは次の2編であった．

　(1) A. Ruettgers *et al.*：An Investigation of the Permeability of Mass Concrete with Particular Reference to Boulder Dam, *ACI Journal*, March-April, 1935
　(2) T. C. Powers *et al.*：Permeability of Portland Cement Paste, *ACI Journal*, November, 1954

　文献(1)は，ボールダーダムの建設にあたり，所要の水密性を有するダムコンクリートの調査研究を目的として，コンクリートの材料，配合，試験方法などの影響を網羅的に検討したものである．透水試験は，すべてアウトプット方法によって行われている．この論文に初めて接したとき，研究内容があまりに詳細で，これ以外に研究する余地があるのだろうかと迷わずにはいられなかったのである．それ以上に驚嘆したことは，この論文が公表されたのは1935年すなわち昭和10年，筆者は小学校の5年生であって，日米の科学技術の実力差に思わず背筋に悪寒が走ったのであった．

　文献(2)は，米国ポルトランドセメント協会のPowers博士がセメント物理学

の立場から硬化ペーストの水密性を論じたもので，セメントの化学成分，粉末度，アルカリ量，水セメント比，養生条件などの影響が述べられている．

透水試験は，截頭円錐形供試体によるアウトプット方法であって，各試験項目とも周到に計画されている．なかでもセメント硬化体の乾燥の影響は，まず約7箇月ガラス製型枠内で養生した後，ガラス製密閉容器内で湿度93％で約7箇月，続いて湿度約79％で約3年間乾燥した後に，湿度100％で約8箇月置いて，透水試験を行ったところ，乾燥により透水係数は，約70倍に増大し，その原因はセメント硬化体内の空洞を形成するゲルの破壊によると結論づけている．そのじっくりと腰を据えた研究態度に深い感銘を覚えたものである．その後，しばらくの間コンクリートの水密性に関するまとまった研究報告は見当らないように思われる．1997年，RILEM は水密性ならびに耐食性に関するレポート 16 として刊行している（H. W. Reinhardt：Penetrati on and Permeability of Concrete, Barriers to organic and contaminating liquids, RILEM REPORT 16, 1997）．

このレポートには，均等質等方性のセメント系材料への液体の移動（液体の移動理論，移動特性を予測するための微小構造モデル），ひび割れを生じた材料中の液体の移動，防水コンクリート，透水試験方法，コンクリートへの浸透と透過などについて述べられている．

文献（1）および（2）における透水試験はいずれもアウトプット方法である．ダムコンクリートのように比較的貧配合のコンクリートの場合や，セメントペースト試験体のように厚さが薄い場合には，アウトプット方法は最も適切な透水試験方法であるが，粗骨材粒が比較的小さく，密度が大きい一般のコンクリートの場合は適用しにくい．そのため，ヨーロッパ諸国をはじめ ISO の国際規格試験法も浸透深さ試験方法を採用している．筆者も，多年，浸透深さ試験方法について検討を加え，昨年，低圧下および高圧下における標準的な浸透試験方法を提案し，それによってコンクリートの水密性を満足に評価できることを示した（コンクリート工学論文集，2000 年 1 月）．したがって，本書の第 4 章「各種要因がコンクリートの水密性に及ぼす影響」においても，できるだけ浸透深さ試験によるデータを収集し，相互比較ができるよう心掛けた．

本書は，筆者の勤務先であった山梨大学，東京都立大学，日本大学において行った研究の成果を中心として取りまとめたものであって，多くの方々の御懇篤な御

指導御協力をいただいた．格別にお世話になった方々を以下に記し，衷心から謝意を表する次第である．

　荻原能男氏(山梨大学名誉教授)，内藤昭吾氏(元文部技官，山梨県技師)，神山行男氏(竹中工務店技術研究所主任研究員)，越川茂雄氏(日本大学教授)，伊藤義也氏(日本大学専任講師)．

　また，本書の出版に当たり，技報堂出版株式会社編集部長小巻慎氏より編集の細部にわたって御助言をいただいたことを厚く御礼申し上げます．

2002年2月　　　　　　　　　　　　　　　　　　　　　　　村田　二郎

目　　次

第1章　コンクリート中の水の流れ　1
1.1　コンクリート中の水みち　1
1.2　コンクリート中の水の流れの分類　2
(1)加圧透過流　2
(2)加圧浸透流　2
(3)毛管浸透流　3

第2章　コンクリート中の水の流れの法則とコンクリートの水密性を表す諸係数　5
2.1　加圧浸透流　5
1. 加圧透過流　7
2. 浸透水量比　8

2.2　ダルシー浸透流　9
2.2.1　ダルシー浸透モデルによる解析　9
2.2.2　実験による検証　10
1. 水圧の大きさと平均浸透深さの関係　11
2. 水圧を加えた時間と平均浸透深さの関係　11

2.3　浸透拡散流　13
2.3.1　高圧浸透モデルによる解析　13
2.3.2　実験による検証　14
1. 先端水圧 P_f について　14
2. 水圧を加えた時間と平均浸透深さの関係　17
3. 拡散係数の計算　18
2.3.3　低レイノルズ数浸透モデルの適用の可能性　19

2.4　透水係数と浸透係数および拡散係数の関係　22
1. 理論的考察　23
(1) K と k の関係　23
(2) β_0^2 と k の関係　23
2. 実験による検討　24

3. R. P. Khatri らの研究　*25*
　　　⑴ 実験概要　*25*
　　　⑵ 結果と考察　*27*
2.5　毛管浸透流　*28*
　2.5.1　鉛直上向き毛細管浸透モデルによる解析　*28*
　2.5.2　鉛直下向き浸透および水平浸透の場合　*30*
　2.5.3　コンクリートの毛管浸透性　*31*
　　1. 最終浸透高さ　*31*
　　2. 毛管浸透係数　*32*

第3章　コンクリートの透水試験方法　*35*
3.1　概　　説　*35*
3.2　アウトプット方法　*36*
　1. 標準的な方法　*36*
　　⑴ 概　　要　*36*
　　⑵ 試験方法　*36*
　　⑶ 参考資料　*37*
　2. 中空円筒形供試体を用いる方法　*38*
　　⑴ 概　　要　*38*
　　⑵ 試験方法　*39*
　　⑶ 参考資料　*40*
3.3　インプット方法　*40*
　1. 浸透深さ方法　*41*
　　⑴ 概　　要　*41*
　　⑵ 試験方法　*41*
　　⑶ 参考資料　*44*
　2. ISO国際規格試験方法「加圧浸透深さ試験方法」　*46*
　　⑴ 概　　要　*46*
　　⑵ 試験方法　*47*
　3. JIS A 1404「建築用セメント防水剤（1994）」に規定されている方法　*48*
　　⑴ 概　　要　*48*
　　⑵ 試験方法　*48*
3.4　毛管浸透試験方法　*49*
　1. 鉛直上向き毛管浸透試験方法（越川・荻原の方法）　*49*
　　⑴ 概　　要　*49*

(2)試験方法　*49*
　　　(3)参考資料　*51*
　2. RELEM 暫定基準の方法　*52*
　　　(1)概　　要　*52*
　　　(2)試験方法　*52*

第4章　各種要因がコンクリートの水密性に及ぼす影響　*53*
4.1　コンクリート材料の影響　*53*
4.1.1　セメントの種類および粉末度の影響　*53*
　1. セメントの種類　*53*
　2. セメントの粉末度　*55*
4.1.2　骨材の形状，寸法および種類の影響　*57*
　1. 粗骨材の形状および寸法　*57*
　2. 軽量骨材　*58*
　　　(1)吸　水　性　*58*
　　　(2)透　水　性　*59*
4.1.3　化学混和剤の影響　*60*
　1. AE 剤，AE 減水剤および高性能 AE 減水剤　*60*
　2. 特殊な化学混和剤　*65*
4.1.4　主な混和材の影響　*66*
　1. フライアッシュ　*66*
　　　(1)数種のフライアッシュを用いたコンクリートの水密性　*66*
　　　(2)マスコンクリートにおけるフライアッシュの有効性　*70*
　　　(3)フライアッシュの多量使用の影響　*72*
　2. 高炉スラグ微粉末　*75*
　3. シリカフューム　*77*
　　　(1)一般の場合　*77*
　　　(2)コンクリート工場製品の場合　*81*
4.1.5　膨　張　材　*82*
　1. 膨張コンクリートの水密性　*82*
　2. 膨張コンクリートによるひび割れ制御　*84*
　　　(1)ケミカルプレストレスを導入した鉄筋コンクリート円形水槽　*84*
　　　(2)道路橋床版への適用（収縮補償）　*85*
4.2　コンクリートの配合の影響　*88*
4.2.1　水セメント比の影響　*88*
4.2.2　粗骨材の最大寸法の影響　*91*

4.2.3　空気量の影響　*91*
4.3　コンクリートの施工方法の影響　*93*
 4.3.1　打込み温度および養生温度の影響　*93*
  (1)打込み温度の影響　*93*
  (2)養生温度の影響　*94*
 4.3.2　気中曝露の影響　*95*
  1.サウジアラビアにおける実験　*96*
  (1)コンクリート供試体および曝露条件　*96*
  (2)試験方法　*96*
  (3)試験結果　*100*
  2.スウェーデンにおける実験　*101*
  (1)コンクリート供試体および曝露条件　*101*
  (2)浸透試験方法　*102*
  (3)試験結果　*102*
 4.3.3　打継目の水密性　*104*
  (1)供試体　*104*
  (2)水平打継目の水密性　*105*
  (3)鉛直打継目の水密性　*107*

第5章　現場コンクリートの水密性　*111*

5.1　概　説　*111*
5.2　大型平板試験体（擬似現場コンクリート）から採取した
 　コアによる検討　*112*
 5.2.1　材料，配合および試験方法　*114*
  1.使用材料の主な特性　*114*
  2.コンクリートの配合　*115*
  3.大型平板試験体および標準供試体の作製　*116*
  (1)大型平板試験体の作製　*116*
  (2)標準供試体の作製　*116*
  (3)コアの採取　*116*
  4.透水試験方法　*117*
  (1)毛管浸透試験方法　*117*
  (2)浸透深さ試験方法　*117*
 5.2.2　コンクリートのスランプおよび分離低減剤の影響に関する実験　*117*
 5.2.3　軽量骨材コンクリートに関する実験　*119*

5.3 構造物から採取したコアによる現場コンクリートの水密性の
　　検討 *122*
　5.3.1 鉄筋コンクリート建屋の地中はりに関する実験 *122*
　　(1)試験区間とコンクリートの施工方法 *122*
　　(2)コンクリートの配合 *124*
　　(3)試験方法 *124*
　　(4)試験結果 *125*
　5.3.2 大型コンクリートブロックに関する実験 *126*
　　(1)大型コンクリートブロックとコンクリートの施工方法 *126*
　　(2)コンクリートの配合 *126*
　　(3)試験方法 *127*
　　(4)試験結果 *127*

第6章　コンクリート構造物の水密性設計 *129*

6.1　概　説 *129*

6.2　土木学会コンクリート標準示方書に示されている方法 *130*
　6.2.1 ひび割れの照査 *130*
　6.2.2 健全部のコンクリートの水密性の照査 *132*

6.3　加圧浸透流の浸透深さによる水密コンクリート部材厚さの
　　照査 *134*
　(1)コンクリート中の浸透流に関する計算上の仮定 *134*
　(2)設計水圧 *135*
　(3)浸透係数および拡散係数の特性値 *135*
　(4)浸透係数および拡散係数の設計用値 *136*
　(5)設計浸透深さの計算と部材の水密性の照査 *137*

6.4　限界透過水量によるコンクリートの水密性の照査 *139*

6.5　水密構造 *140*
　6.5.1 構造設計一般 *141*
　6.5.2 排水工および防水工 *141*
　　1.排水工または防水工の設置 *141*
　　2.各種防水材 *141*

あとがき *143*

付録　拡散係数の換算表について *145*

索　　引 *147*

第1章　コンクリート中の水の流れ

1.1　コンクリート中の水みち

　コンクリートは，比較的高密度の多孔体のひとつであるが，その構成素材ならびにそれらの配合比の多様性のために内部空隙の形状，寸法，分布などは著しく変化する．表-1.1[1]は，コンクリート中の空隙の種類と寸法の範囲を示したもので，最小約 $2\times10^{-3}\mu m$ から最大 $500\mu m$ に達している（このほかにエントラップトエアーによる粗大な空隙が残っている場合が多い）．空隙の形状も不整形から連行空気泡のように球に近いもの，また面状に広がるものなどがある．これらの空隙が互いに連結して水みちを形成するため，コンクリートの透水機構はきわめて複雑となる．そこで，コンクリートを巨視的に均等質多孔体とみなし，水みちとなる空隙の形状，寸法，分布などの相違の影響を適用する浸透モデルにおける各種透水指数（透水係数，浸透係数，拡散係数など）に包含させ，これらの諸係数によってコンクリートの水密性を評価する．スラブ，壁などに生じた貫通したひび割

表-1.1　コンクリート中の空隙の大きさ

空隙の種類	空隙径(μm)
セメントゲル空隙	1.8×10^{-3}
毛細管空隙	$2\times10^{-3}\sim10$
骨材下面の空隙(厚さ)	$10\sim100$
連行空気泡	$50\sim500$

れは，集中的な水みちとなるが，それぞれについては漏水問題として別個に取り扱う．

1.2 コンクリート中の水の流れの分類

　コンクリート中の水の流れは，加圧浸透流と毛管浸透流に大別される．
　加圧浸透流がコンクリート中を通過し，対面から流出する場合，加圧透過流という．

(1) 加圧透過流
　コンクリート表面に相当な水圧を長時間加えると，流れはコンクリートを通過して対面から流出し，やがて流入量と流出量は相等しく一定値を示すようになり，定常流となる．
　したがって，この流れの場合，透水の解析は容易で疑点がなく，構造物や供試体のコンクリートの水密性を確実に評価することができる．しかし，この流れに基づく透水試験においては，一般に供試体対面から水が流出するまでに著しく長時間を要し，時には流出量が得られないこともあり，また実情とかけ離れた大きい水圧を加える必要があるなど，実用上不都合がある．

(2) 加圧浸透流
　加圧浸透流は，ダルシー浸透流と浸透拡散流に分けられる．いずれも非定常流であるが，ダルシー浸透流は比較的低圧下の流れであって，流速は場所的に一定であるから，圧力勾配は線形となる．
　これに対し浸透拡散流は，高圧下で生じる流れであって，流速は場所的，時間的に変化するから，圧力勾配は非線形となる．
　高圧でコンクリート中に圧入された浸透流の圧力勾配が非線形となることは，1950年頃に既に指摘されている．すなわち，米国のHiwasseeダム（堤体の高さ93.5 m）において，ダムの上流面から0.3〜18.3 mの区間に16個の圧力計を埋設して15年間にわたって浸透流の圧力分布を測定した．
　圧力分布は，誤差関数曲線に類似の曲線形を示し，コンクリートの拡散係数が

適切に定められれば,拡散流として計算した圧力分布とよく一致すると報告されている(図-1.1[2]参照).

なお,加圧浸透流の場合,透水の解析に一部分未解決な点が残っているが,富配合または長期材齢などの比較的高密度のコンクリートに対しても,その水密性を 48～72 時間程度の試験で評価でき,試験誤差も少ない.また,加圧浸透流の浸透深さの長期経時変化を検討することにより,水密コンクリート構造物の断面設計の目安を得ることもできる.

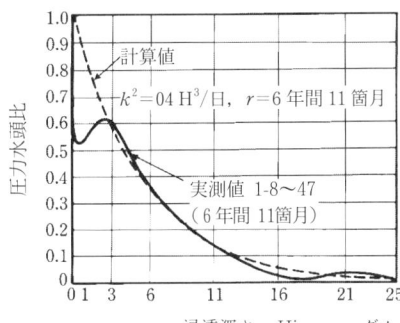

図-1.1 コンクリートダム内の水圧・分布の実測値と計算値

注) 水圧分布曲線の計算値は,経過期間 6 年 11 箇月において,ダム上流面から 6～11 ft の間に埋設した圧力計による水圧の実測値から計算した拡散係数 β^2 = 0.04 ft^2/s (36×10^{-4} m^2/s) を用いて拡散流として計算したものである.

(3) 毛管浸透流

乾いたコンクリートが水に接すると,水と空気の界面に生じる表面張力によって,毛細管内に流れが発生する.これをコンクリートの毛管浸透流という.もともとコンクリートの毛管浸透流は,西欧人がビルの下部に吸い上がった水によって,苔や雑草が茂り美観を損なうことを大変嫌がったため注目されており,RILEM "Reunion Internationale des Labratories d'Essais et de Reoherche surle Materiarx et les Constructions" 国際材料・構造(施工)に関する試験研究機関連合は,暫定基準試験方法として「Absorption of Water by Capillarity(1971)」を定めている.この方法は,コンクリートにおける鉛直上向き毛管浸透流の浸透量を規定するものである.

文　献

1) 山田順治・有泉 昌:セメントとコンクリートの知識,鹿島出版,1982
2) Measurements of the Structural Behavior of Norris and Hiwassee Dams, *Technical Monograph*, No.67, Tenessee Valley Authority, p.144, 1950

第2章 コンクリート中の水の流れの法則とコンクリートの水密性を表す諸係数

2.1 加圧浸透流

コンクリートのような多孔体において,圧力勾配を伴う水の流れは,層流の場合[注1]ダルシー則に従う.すなわち,流れの基礎式は,次のダルシーの速度方程式となる.

$$u = -\frac{k}{w_0}\frac{\partial p}{\partial x} \quad \cdots\cdots(2.1)$$

ここに,
- u ：流速
- w_0 ：水の単位容積重量
- $\partial p / \partial x$ ：圧力勾配 $\left(\dfrac{1}{w_0}\dfrac{\partial p}{\partial x}：動水勾配\right)$
- k ：透水係数

注1) ダルシー則は,流れが層流の場合に成立する.
　従来,砂層ではレイノルズ数が5ないし10以下の場合,層流を呈するとされている.
しかし,コンクリートの場合は,砂層と異なり水和過程が存在するので,原材料としての

セメント,骨材の平均粒径を用いてレイノルズ数を算定しても,あまり意味がないが,コンクリート中の加圧浸透流が一般的に層流とみなせるかどうかの目安を得るために次の試算を行ってみた.

(1) 原材料の平均粒径

セメント,細骨材および粗骨材のそれぞれの粒度分布曲線より通過質量百分率の50%粒径を求めると,それぞれの平均粒径は**付表-1**のようになる.

付表-1 原材料の平均粒径

原材料	セメント	細骨材	粗骨材
平均粒径(mm)	0.0104	0.8	12.5

(2) コンクリートの全構成粒子の平均粒径

例として**付表-2**に示す2種の配合のコンクリートについて平均粒径を計算する.

付表-2 コンクリートの配合

水セメント比(%)	細骨材率(%)	単位量(kg/m³)				スランプ(cm)	空気量(%)
		水	セメント	細骨材	粗骨材		
55	47.1	169	307(14.6)	828(39.4)	966(46.0)	14.9	5.3
70	49.0	171	244(11.6)	890(42.4)	963(45.0)	14.2	5.8

注) ( )内は全構成粒子に対する質量百分率(%)

コンクリートの平均粒径

$W/C=55\%$ の場合:

$(0.0104\times0.146)+(0.8\times0.394)+(12.5\times0.460)=6.07$ mm

$W/C=70\%$ の場合:

$(0.0104\times0.116)+(0.8\times0.424)+(12.5\times0.450)=5.96$ mm

このように,最大寸法20mmの粗骨材を用いたコンクリートの平均粒径は,配合にあまり関係なく約6mmとなる.

(3) レイノルズ数の計算

レイノルズ数は次式から計算される.

$$R_e = \frac{V d_e}{\nu}$$

ここに,

R_e:レイノルズ数
d_e:平均粒径(mm)
ν:水の動粘性係数(20℃のとき1.010 mm²/s)
V:平均流速.水圧を加えた時間と平均浸透深さ試験値の関係から求めるものとする.
(**付表-3** 参照).

レイノルズ数($d_e=6$ mmの場合)

$W/C=55\% \cdots R_e=4.0\times10^{-4}\sim1.8\times10^{-4}$

付表-3　平均流速（水圧 0.098 MPa）

セメント比 （%）	水圧を加えた時間	平均浸透深さ （mm）	平均流速 $V \times 10^{-5}$ （mm/s）
55	25 時間 （90 000秒）	6	6.67
55	50 時間 （180 000秒）	9	5.00
55	75 時間 （270 000秒）	10	3.70
55	100 時間 （360 000秒）	11	3.06
70	25 時間 （90 000秒）	10	11.1
70	50 時間 （180 000秒）	13	7.22
70	75 時間 （270 000秒）	15	5.56
70	100 時間 （360 000秒）	17.5	4.86

$W/C = 70\% \cdots R_e = 6.6 \times 10^{-4} \sim 2.9 \times 10^{-4}$

　これらの値は，水和過程を無視し，コンクリートの構成粒子が原形のまま存在するとして求めた架空のものであるが，この値は著しく小さいこと，また逆説的ではあるが，後述するように，ダルシー則に基づく加圧透過流の式(2.2)や加圧浸透深さの式(2.4)は，コンクリートにおいて成立することが実験的に確かめられていることから，コンクリート中の加圧浸透流は一般に層流と考えてよい．

1. 加圧透過流

　図-2.1[1]は，加圧透過流によるコンクリートの透水試験結果であって流入量と流出量の推移を示している．流入量は，時間とともに次第に減少し，流出量は増加し，ついにはほぼ等しく一定値を示し定常流となる．

　したがって，コンクリート表面に一定の水圧 P が作用する場合，ダルシー則に基づき，次式が用いられている．

$$\frac{Q}{A} = \frac{k}{w_0} \frac{P}{L} = k \frac{H}{L} \qquad \cdots\cdots\cdots(2.2)$$

ここに，

　Q ：流入量または流出量（mm³/s）

A ：コンクリート断面積(mm^2)
w_0 ：水の単位容積重量
　　　　 (9.8×10^{-6} N/mm^3)
P ：水圧(MPa)
L ：コンクリートの長さ(mm)
H ：水頭(mm)
k ：透水係数(mm/s または
　　　 $\times 10^{-3}$ m/s)

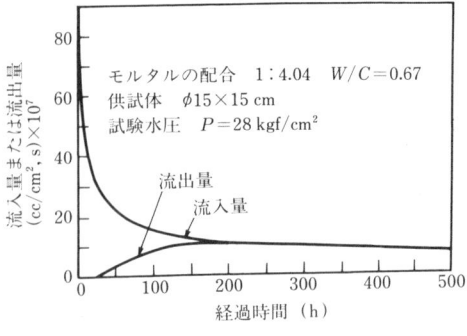

図-2.1　流入量と流出量の推移

2. 浸透水量比

コンクリートに加えた加圧水は空隙を通じて浸透する．この場合，水の浸透部分における空隙容積に対する浸透水量の割合を浸透水量比という．

表-2.1は，水セメント比55％および70％，空気量約5％のAEコンクリートについて，水圧を0.025～1.47 MPaに変化させて48時間水を圧入した場合の浸透水量比を比較したものである．表-2.1において，水圧が0.15 MPa程度以下の場合，浸透水量比は約0.87～1.2，平均約1.0であるのに対し，水圧が0.3 MPa以上の高圧で水を圧入した場合には，浸透水量比は約1.3～1.9に増大している．しかし，浸透水量の一部がエントレインドエアー中に流入しているかもしれない(第4章4.2.3によれば浸透水がエントレインドエアー中に流入するのは

表-2.1　試験水圧と浸透水量比の関係

種別	水セメント比(％)	浸透水量比									
			試験水圧(MPa)								
		毛管浸透	0.025	0.049	0.074	0.098	0.122	0.15	0.30	0.49	0.98	1.47
AEコンクリート	55	1.03 (0.96～1.12)	0.98 (0.89～1.16)	1.17 (1.12～1.21)	0.85 (0.74～1.00)	0.93 (0.84～1.07)	1.02 (0.84～1.25)	1.17 (1.13～1.26)	1.27 (1.13～1.26)	1.61 (1.40～1.76)	1.40 (1.32～1.46)	1.78 (1.66～1.91)
	70	0.86 (0.75～1.03)	0.85 (0.70～1.06)	0.95 (0.80～1.02)	0.96 (0.84～1.04)	1.10 (1.04～1.13)	1.14 (1.10～1.21)	1.10 (0.98～1.32)	1.52 (1.34～1.63)	1.79 (1.69～1.86)	1.65 (1.42～1.77)	1.87 (1.75～1.98)

(注)　試験値は供試体3本の平均値であって( )内は範囲を示す．毛管浸透試験結果は鉛直下向きに48時間作用した場合であって，加圧浸透における浸透水量比の計算に用いた．浸透水量比＝浸透水量/空隙容積

空気量7〜8%以上の過大空気量の場合である).そこで,AE剤を用いないプレーンモルタルについて,さらに検討を行っている.表-2.2は,その実験結果であって,水圧が0.1 MPa程度以下の場合,浸透水量比は1.0以下,水圧が0.5 MPa以上の場合は2.0以上となっており,表-2.1と大体同様な傾向を示している.すなわち,浸透水量比の増加は圧力によるコンクリートの内部変形を示唆するものである.

表-2.2 プレーンモルタルの浸透水量比

水セメント比 (%)	浸透水量比						
	試験水圧(MPa)						
	0.025	0.049	0.074	0.098	0.49	0.98	1.47
55	0.67	0.52	1.23	1.02	1.63	2.07	2.99
70	0.72	0.74	0.85	0.83	1.40	3.35	2.25

したがって,コンクリートの水の流れは水圧が0.1〜0.15 MPa程度以下と比較的小さい場合には,通常の砂層内の流れと同様なダルシー浸透流となるが,高水圧下ではコンクリートの実体部および水の弾性変形を伴う浸透拡散流になると考えられる.高圧地下水流の解析においても,土圧および水圧による土粒子の変形を考慮する類似の手法が行われている[2].

2.2 ダルシー浸透流

2.2.1 ダルシー浸透モデルによる解析[3]

コンクリート表面に水圧Pが作用し,t時間後に距離xまで水が浸透したものとする.

流速uは,場所的に一定であるから動水勾配は線形となる.したがって,前節の式(2.1)は次のように書き直せる.

$$u(t) = \frac{dx}{dt} = \frac{k}{w_0} \frac{P}{x} \qquad \cdots\cdots(2.3)$$

$$x\,dx = \frac{kP}{w_0} dt$$

初期条件 $t=0$ のとき，$x=0$ のもとに積分する．

$$\frac{x^2}{2} = \frac{kP}{w_0} t$$

$$x = \sqrt{\frac{2kPt}{w_0}} \qquad \cdots\cdots(2.4)$$

コンクリートについて実測した平均浸透深さ d_m を用いた場合の k を K と書き，浸透係数と定義すれば，

$$K = \frac{w_0}{2Pt} d_m^2 \qquad \cdots\cdots(2.5)$$

ここに，

K ：浸透係数（mm/s または ×10^{-3} m/s）
P ：水圧（MPa）
t ：水圧を加えた時間（s）
w_0 ：水の単位容積重量（9.8×10^{-6} N/mm^3）
d_m ：平均浸透深さ（mm）

2.2.2　実験による検証

　第1章に述べたように，低水圧のもとではコンクリートにおける浸透水量比はおよそ1.0ないしそれ以下であって，コンクリート中の水の流れは，通常の砂層内の流れと同様にダルシー浸透流になると予想されるが，コンクリートは複雑な材料であるので，必ず実験によって確認しなければならない．すなわち，ダルシー浸透流においては式(2.4)に示したように，水の浸透深さは理論上水圧の大きさおよび水圧を加えた時間のそれぞれの平方根に比例する．コンクリートの場合にこの浸透モデルが適用できるかどうか，実験によって確かめる必要がある．実験の結果を以下に述べる．

1. 水圧の大きさと平均浸透深さの関係

図-2.2 は，水圧を 0.025〜0.122 MPa に変化させ，48 時間水を圧入したときの試験水圧と平均浸透深さの関係を示したものである（試験方法は第 3 章に述べている）．この実験では，試料コンクリートの水セメント比を 55〜80 % とし，どの範囲の品質のコンクリートまでダルシー浸透モデルが適用できるかを検討している．なお，水の浸透部を視覚的に容易に識別できるよう，供試体は材齢 28 日まで水中養生後，14 日間，温度約 45 ℃，湿度約 35 % の室内で乾燥し，

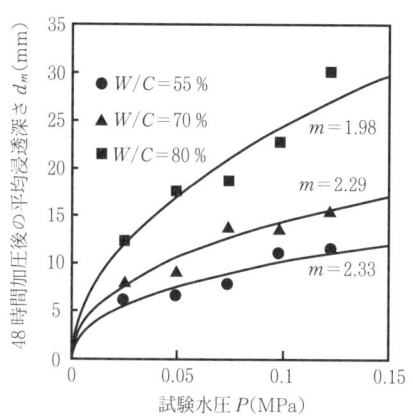

配合
コンクリート：砕石2005
W/C=55，70 および 80 %
スランプ＝約 15 cm
空気量＝約 15 %

図-2.2 試験水圧と平均浸透深さの関係

ひび割れを生じることなく，ほぼ絶乾状態として透水試験に供している（第 3 章 3.4.2 参照）．ただし，一部の実験では，供試体の乾燥度の影響を確かめるために，温度約 20 ℃，湿度約 65 % の室内で 14 日間乾燥した後，試験に供している．

図-2.2 に示すように，平均浸透深さ d_m が試験水圧の $1/m$ 乗($P^{1/m}$)に比例するとして最小自乗法によって，m の最確値を求めると，水セメント比 55〜80 % のコンクリートに対し，m＝1.98〜2.33（相関係数 0.95〜0.97），平均 2.20 となっている．

2. 水圧を加えた時間と平均浸透深さの関係

図-2.3 は，試験水圧を 0.049 および 0.098 MPa とし，水圧を加えた時間を 6〜250 時間に変化させた場合の平均浸透深さの経時変化を示したものである．試料コンクリートは，前述の 1. と同様であり，試験前の供試体の乾燥度は一部 14 日間，温度約 20 ℃，湿度 65 % の室内で乾燥し，気乾状態としたものも含まれている．

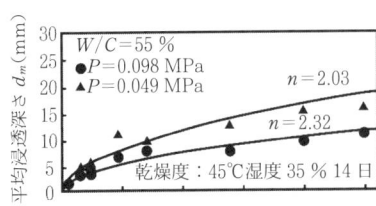
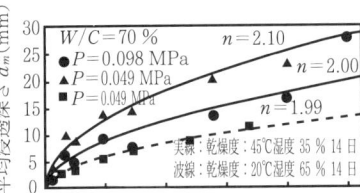
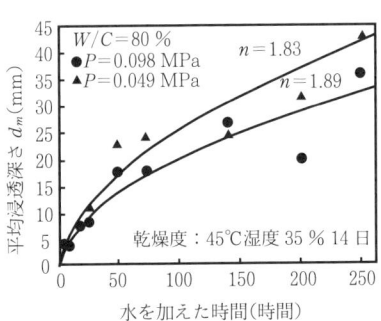

コンクリート：砕石2005
$W/C=55$, 70 および 80 %
スランプ＝約 15 cm
空気量＝約 5 %

図-2.3　水圧を加えた時間と平均浸透深さの関係

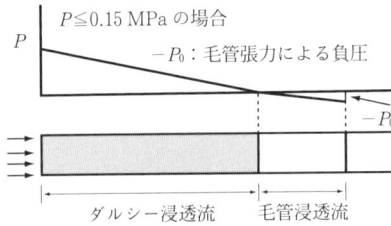

図-2.4　低水圧下の浸透水流の構成と水圧分布

図-2.3 に示すように，平均浸透深さ d_m が試験時間の $1/n$ 乗($t^{1/n}$)に比例するとして求めた n の最確値は，$n=1.83\sim2.32$(相関係数 0.95〜0.97)，平均 2.02 となっている．このように m および n の実験値は，2.0 に近似するから，水圧が 0.1 MPa 程度以下の比較的低水圧の場合には式(2.5)は広い範囲の水セメント比のコンクリートに対し，試験時のコンクリートの乾燥度にかかわらず，式(2.5)は成立すると考えてよい．したがって，比較的低水圧をうける場合，コンクリート中の水の流れはダルシー浸透流となり，コンクリートの水密性は式(2.5)で与えられる浸透係数 K によって評価することができる．

なお，ダルシー浸透流においては，その先端に毛管浸透流が生じているため，浸透流の状態および水圧分布を模式的に示せば図-2.4 のようになる．毛管浸透流については 2.5 に述べてある．

2.3 浸透拡散流

2.3.1 高圧浸透モデルによる解析[3]

表-2.1(p.8)および表-2.2(p.9)に示したように，高圧でコンクリートに水を圧入した場合は，コンクリートの内部変形が無視できなくなるので，高圧浸透モデルを適用する．すなわち，浸透過程で水およびコンクリートの実体部が弾性変形を起こすという条件をダルシー則に加えることにより，この流れの基礎方程式が得られる．いま，図-2.5に示すように一様な断面Aをもつコンクリート体の側面を水密に保ち，一端面から相当の圧力Pで水を圧入する．そして，水圧を加えた面から距離xに微少距離dx離れた2断面ⅠおよびⅡを考える．

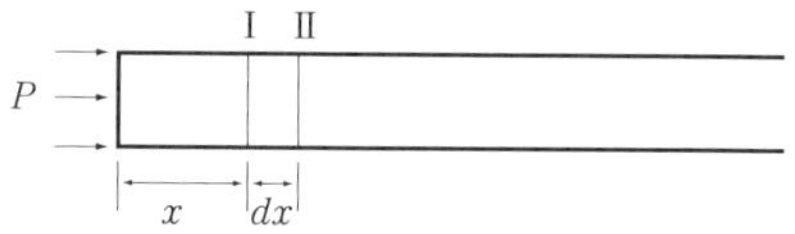

断面Ⅰからdt時間に流入する水量，
$$Q_\text{I} = u(x) A\ dt$$

断面Ⅱからdt時間に流出する水量，
$$Q_\text{II} = u(x+dx) A\ dt,$$

図-2.5 一次元流の解析モデル

Ⅰ，Ⅱ断面間に残留する水量

$$\varDelta Q = Q_\text{I} - Q_\text{II} = -\frac{\partial u}{\partial x}\ dx\, A\, dt \qquad \cdots\cdots(2.6)$$

$\varDelta Q$による，Ⅰ，Ⅱ断面間の圧力増分dpは，

$$dp = \frac{\partial p}{\partial t} dt = \frac{\varDelta Q}{A\, dx} E = -\frac{\partial u}{\partial x} E dt \qquad \cdots\cdots(2.7)$$

ここに，

E：水とコンクリートの実体部を共通に考えた場合の体積弾性係数

ダルシー則「式(2.1)」より

$$\frac{\partial u}{\partial x} = -\frac{k}{w_0} \frac{\partial^2 p}{\partial x^2} \qquad \cdots\cdots(2.8)$$

高水圧による変形の条件「式(2.7)」より，

$$\frac{\partial u}{\partial x} = -\frac{1}{E}\frac{\partial p}{\partial t} \qquad \cdots\cdots(2.9)$$

式(2.9)を式(2.8)に代入して

$$\frac{\partial p}{\partial t} = \frac{kE}{w_0}\frac{\partial^2 p}{\partial x^2} = \beta^2 \frac{\partial^2 p}{\partial x^2} \qquad \cdots\cdots(2.10)$$

式(2.10)は, 一次元の高圧浸透流の圧力に関する基礎方程式であって, 熱伝導や濃度拡散の場合と同様な拡散型の微分方程式であるから, β^2 をコンクリート中の浸透流の拡散係数と呼んでいる. 式(2.10)を初期条件 $p(x,0)=0$, 境界条件 $p(0,t)=P$, $p(l,t)=0$(ここに, l：水の浸透部の長さ)のもとで解けば,

$$p(x,t) = P\left(1-\frac{x}{l}\right) - P\sum_{i=1}^{n}\frac{4}{n\pi}\left(\sin\frac{n\pi}{l}x\right)e^{-\frac{n^2\pi^2}{l^2}\beta^2 t} \qquad \cdots\cdots(2.11)$$

式(2.11)を用いて拡散係数 β^2 を求めるためには, 水の浸透部の長さ l を n 個の小区間に分割し, 各分点における水圧の測定値が必要となる. しかし, 短い供試体においては実際上, 不可能であるので, 次の方法が工夫されている. すなわち, 初期条件 $p(x,0)=0$, 境界条件 $p(0,t)=P$, $p(\infty,t)=0$ とすれば, 式(2.10)の解は余誤差関数となる. このことは, ダルシー浸透流の場合は, 場所的な水圧分布が直線となるが浸透拡散流の場合は余誤差関数曲線に従うことを示している.

$$p(x,t) = P\,\mathrm{erfc}\left(\frac{x}{2\beta\sqrt{t}}\right)$$
$$= \frac{2P}{\sqrt{\pi}}\int_{\frac{x}{2\beta\sqrt{t}}}^{\infty} e^{-\lambda^2}d\lambda \qquad \cdots\cdots(2.12)$$

式(2.12)は浸透長 x, 時刻 t における解でもあるから, 所定時間 t 後の浸透深さ x の試験値を用いて, 浸透長 x(浸透先端部)における圧力 $p=P_f$ を定めることにより拡散係数を求めることができる.

2.3.2 実験による検証

1. 先端水圧 P_f について

先端水圧 P_f の適正値は, 式(2.12)において水圧 P と浸透深さ x との関係が実測値と一致するように定める. 表-2.3 は, 水セメント比 55% と 70% のモルタ

表-2.3 試験水圧と平均浸透深さの関係

区 分	水セメント比 (%)	平均浸透深さ D_m(mm) 試験水圧(MPa)			m $\left[\dfrac{D_m}{=\gamma P^{1/m}}\right]$
		0.49	0.98	1.47	
モルタル	55	28.5 24.5 24.5 25.0 } 25.6	36.7 37.5 27.6 36.1 } 24.5	45.7 34.5 42.4 38.3 } 40.2	2.43
モルタル	70	42.8 45.1 36.7 36.5 } 40.3	47.4 55.3 46.4 54.6 } 50.9	61.9 67.9 52.3 58.5 } 60.2	2.75
コンクリート	55	27.1 25.6 20.7 29.0 } 25.6	41.0 23.8 39.1 38.4 } 25.6	36.8 44.4 35.8 50.6 } 50.9	2.21
コンクリート	70	45.7 38.9 40.0 35.5 } 40.0	60.7 59.6 60.7 54.4 } 58.9	62.2 69.6 44.5 64.9 } 60.3	2.17

備考 1) 配合　コンクリート：粗骨材砕石2005，スランプ16 cm，空気量5 %
　　　$W/C=55\%$, $s/a=47.2\%$　　$W/C=70\%$, $s/a=50.2\%$
2) 養生材齢28日まで20 ℃水中，14日間45 ℃，温度35 %で絶乾

ルおよびコンクリートについて行った，試験水圧 P と平均浸透深さ D_m との関係の実験結果であって，試験水圧が 0.49〜1.47 MPa に変化させた場合，D_m が $P^{1/m}$ に比例するとして求めた m の値は $m=2.17\sim2.74$，平均 2.39 となっている．

一方，表-2.4 は式(2.12)において P_f を種々の値に仮定した場合の水圧 P と浸透深さの相対値 ξ (ここに，$\xi=x/2\beta\sqrt{t}$) の関係を示したもので，$\xi=\gamma P^{1/m}$ として求めた m の値を示している．表-2.4 において，P_f を P に比べて十分小さい値，たとえば $(1/100\sim1/1\,000)P$ に仮定した場合，m の値は予想に反して，表-2.4 の m の実験値と著しく相違する．そこで観点を変え，m の実験値，約 2.4 に対応する P_f を表-2.4 から求めると，$P_f=0.14\sim0.15$ MPa となる．

このようにして先端水圧 P_f の値が導びかれているが，表-2.3 の実験値には多少のばらつきがあるし，P_f の値は拡散係数を算定するときに常に一定値として取り扱うので，この値は慎重に定めなければならない．そこで過去に行った同種の実験の結果[4]を再整理し，表-2.5 に示す．試料は，水セメント比53〜62 %の

表-2.4 P_f の仮定値に対する P–ξ 関係

$p(x,t)=P_f$ の仮定値 (MPa)	ξの値 水圧 P(MPa)			m ($\xi=\gamma_0 P^{1/m}$)
	0.49	0.98	1.47	
0.001	2.182	2.324	2.403	11.4
0.01	1.640	1.817	1.914	7.07
0.05	1.156	1.380	1.499	4.19
0.10	0.898	1.156	1.290	3.00
0.12	0.822	1.091	1.231	2.69
0.14	0.755	1.036	1.180	2.43
0.15	0.724	1.010	1.156	2.31
0.16	0.694	0.986	1.134	2.21
0.18	0.637	0.940	1.092	2.01
0.20	0.585	0.898	1.054	1.83

表-2.5 試験水圧と平均浸透深さの関係を表す m の実験値

区分	骨材最大寸法 (mm)	水セメント (%)	スランプ (cm)	試験時間 (h)	m ($D_m=\gamma_0 P^{1/m}$)	
モルタル	5	58	4.0	48	2.36	
		62	2.5	48	2.59	
		53	3.5	72	2.60	
		5	3.5	116	2.53	2.49
コンクリート	25	55	7.0		2.23	
		55	7.0	48	2.70	
		58	7.5		2.23	
	40	53	8.0	48	2.65	

備考 1) 試料モルタルおよびコンクリートともに AE 剤を使用していない.
  2) 供試体は材齢 28 日まで水中養生後, 7 日間 20 ℃, R.H. 60 % で乾燥した.
  3) 試験水圧は 0.49, 0.98, および 1.96 N/mm² に変化させた.

モルタルおよび最大寸法 25 mm と 40 mm の川砂利コンクリートの合計 8 種類で, 試験水圧を 0.49〜1.96 MPa に変化させたときの P–D_m 関係から求めた n の値は 2.23〜2.70, 平均 2.49 となり, これに対応する P_f は約 0.14 MPa である. 以上の検討から, 浸透拡散流の先端水圧は 0.15 MPa とし, 水圧がこの値以下の部分はダルシー浸透流に移行すると推察される. そしてこの値は, ダルシー浸透流と浸透拡散流の境界域にあることに注目しなければならない〔**表-2.1**(p.8)およ

び表-2.2(p.9)参照〕.

したがって，図-2.6 に示すように高圧でコンクリートに圧入された水の流れは浸透拡散流，ダルシー浸透流および毛管浸透流からなり，浸透拡散部は余誤差関数曲線に従い，ダルシー浸透部および毛管浸透部は線形になると考えられる．

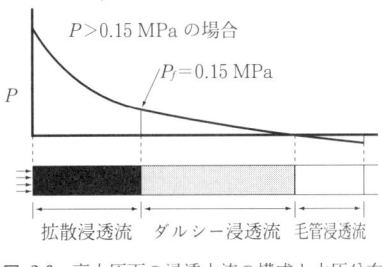

図-2.6　高水圧下の浸透水流の構成と水圧分布

2. 水圧を加えた時間と平均浸透深さの関係

表-2.6 は，水セメント比 55～80％のコンクリートについて，水圧を加えた時間を 6～140 時間ないし 6～300 時間とした場合の経過時間に伴う，浸透深さの増加状況を示したもので，供試体は材齢 28 日まで水中養生後，気乾または絶乾状態として試験に供している．図-2.7 は，表-2.6 を図示したものである．表-2.6 および図-2.7 に示すように，経過時間と平均浸透深さ D_m の関係を $D_m = \kappa t^{1/n}$ として求めた n の値は，コンクリートの配合や供試体の乾燥度，水圧の大きさに

表-2.6　水圧を加えた時間と平均浸透深さとの関係

供試体の乾燥条件	水セメント比(％)	細骨材率スランプおよび空気量	試験水圧(MPa)	平均浸透深さ D_m(mm) 水圧を加えた時間(h)													n $D_m = \kappa t^{1/n}$
				3	6	9	12	16	18	24	48	72	96	120	140	200	250	300	
気乾 20℃ RH65% 14日間	55	48.0％ 17.5 cm 5.0％	0.49		7.38 (6.31〜8.41)			9.74 (8.73〜11.3)		10.9 (9.89〜13.3)	13.3 (12.8〜14.1)	14.9 (13.5〜15.6)			18.0 (15.3〜21.1)	19.2 (18.4〜20.1)	21.7 (20.9〜24.2)	22.4 (21.1〜23.0)	3.55
	70	51.0％ 16.5 cm 5.0％	0.49		10.4 (7.97〜12.1)			13.8 (12.3〜15.8)		15.6 (11.6〜18.3)	19.0 (16.6〜20.9)	22.3 (18.7〜27.9)			24.5 (20.5〜28.7)	27.1 (23.9〜32.2)	30.6 (28.8〜32.3)	34.5 (25.2〜46.3)	3.46
絶乾 45℃ RH35% 14日間	55	47.1％ 14.9 cm 5.3％	1.47		32.3 (28.5〜36.1)	33.2 (27.0〜42.1)				41.2 (37.8〜44.0)	50.6 (45.9〜57.3)	53.9 (47.6〜57.9)	64.8 (52.6〜69.7)	81.5 (74.7〜86.5)	79.8 (75.7〜82.3)				3.41
	80	51.0％ 12.7 cm 6.5％	0.98	37.7 (36.3〜37.7)	42.5 (40.0〜46.8)	50.4 (40.0〜50.0)	55.2 (49.2〜68.2)		68.1 (64.7〜71.9)	68.9 (64.1〜75.1)	79.2 (76.4〜82.0)							3.43

3.46

備考　1）粗骨材；砕石 2005
　　　2）試験値は供試体 4 個の平均値であって，（　）内は試験値の範囲を示す
　　　3）養生は材齢 28 日まで 20℃水中養生を行った

かかわらず，ほぼ一定値を示し，$n=$ 3.41～3.55，平均 3.5 となっている．このように，実験では浸透深さはほぼ $t^{1/3.5}$ に比例するが，理論では式(2.12)に示すように，$t^{1/2}$ に比例し，理論値に比べて実際の浸透深さの増加勾配はかなり小さい．

この理由は明らかではないが，高圧水によりコンクリートの微細組織が損傷を受け，空隙の閉塞や浸透水の粘度増加，降状値の発生による栓流の生成などが考えられる．

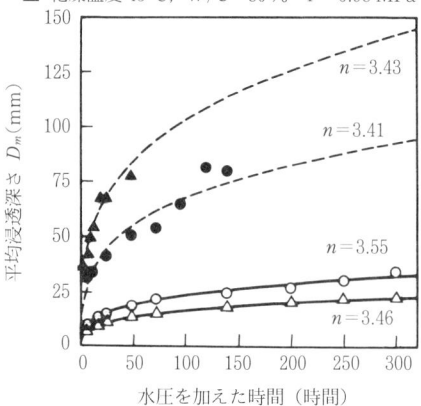

図-2.7　経過時間に伴う平均浸透深さの増加状況

3. 拡散係数の計算

経過時間に伴う浸透深さの増加勾配の理論値と実験値との相違が前記のような二次的要因によるものとすれば，補正係数を用いて拡散係数を次のように表すことができる．

$$\beta_0^2 = \alpha \frac{D_m^2}{4t\xi^2} \quad \cdots\cdots(2.13)$$

ここに，

- β_0^2 ：初期拡散係数（mm^2/s または ×10^{-6} m^2/s）
- D_m ：平均浸透深さ（mm）
- t ：水圧を加えた時間（s）
- α ：補正係数（$\alpha = t^{3/7}$，**表-2.7** 参照）
- ξ ：水圧に関する係数（$P_f = 0.15$MPa）（**表-2.8** 参照）

なお，ξ を求めるための余誤差関数を**表-2.9** および**図-2.8** に示す．

表-2.7　水圧を加えた時間に関する補正係数 α 値（$\alpha = t^{3/7}$）

経過時間 t(s)	12×60^2	24×60^2	48×60^2	72×60^2
α	97.0	130.5	175.7	209.0

2.3 浸透拡散流

表-2.8 水圧に関する係数 ξ の値($P_f = 0.15$ MPa)

水圧 P (MPa)	0.3	0.5	1.0	1.5	2.0
ξ	0.477	0.733	1.018	1.163	1.259

備考　ξ の値は $P_f = 0.15$ MPa として余誤差関数表または正規分布表から求める

表-2.9 余誤差関数表

x	erfc(x)	x	erfc(x)
0	1	1.2	0.089686037
0.05	0.943628022	1.3	0.065992071
0.1	0.887537084	1.4	0.047714888
0.15	0.832004029	1.5	0.033894858
0.2	0.777297411	1.6	0.02365162
0.25	0.723673611	1.7	0.016209542
0.3	0.671373241	1.8	0.010909499
0.35	0.620617947	1.9	0.007209571
0.4	0.571607648	2	0.004677735
0.45	0.524518281	2.1	0.002979467
0.5	0.479500124	2.2	0.001862846
0.55	0.436676641	2.3	0.001143177
0.6	0.39614391	2.4	0.000688514
0.65	0.357970676	2.5	0.000406952
0.7	0.322198807	2.6	0.000236034
0.75	0.288844369	2.7	0.000134333
0.8	0.257899042	2.8	0.000075013
0.9	0.203091792	2.9	0.000041098
1	0.15729921	3	0.00002209
1.1	0.119794952		

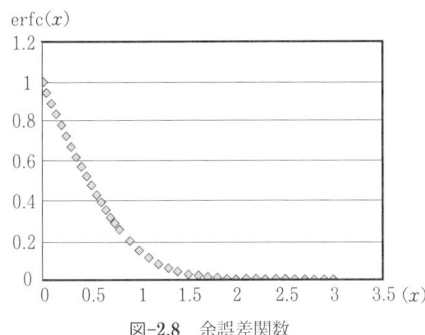

図-2.8 余誤差関数

2.3.3　低レイノルズ数浸透モデルの適用の可能性

　式(2.13)では，浸透深さの経時変化の実験値と理論値との差異を補正係数 α を用いて調整している．

　しかし，図-2.9[4]は，1960年頃に行った実験の結果であるが，7種のモルタルおよびコンクリートについて平均浸透深さの経時変化を実験したものであって，$D_m = \gamma t^{1/n}$ として求めた n の値は，$n = 3.32 \sim 3.68$，平均 3.45 となっており，図-2.7とよく一致している．

　約40年前のセメント，骨材などと図-2.7の実験に用いた材料とでは，その品質にかなりの差があると考えられるのに，浸透深さの経時変化は全く同じ一定の

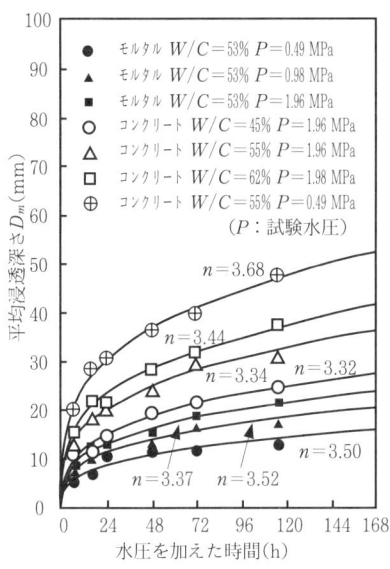

図-2.9 水圧を加えた時間と平均浸透深さの関係[5]

法則性を示している．したがって，高圧浸透モデルによる解析結果と実験値との差異は，上記のような二次的要因によるとして補正係数を用いて処理してよいかどうか疑問となり，解析モデルそれ自体の検討も視野に入れる必要があるように思われる．

そこで，観点を変え，コンクリート中の空隙を一様な細管にモデル化し，Weisbach の管路抵抗則を適用して検討することにする．

これは，管路における浸透長さ x と時間 t との関係 ($x=\gamma t^{1/n}$) が層流の場合は，損失水頭が流速に比例するので $n=2.0$ となり，完全乱流の場合は，損失水頭は流速の二乗に比例するので $n=1.5$ となるから[注2]，層流よりさらに緩やかな流れ，すなわちレイノルズ数の低い流れの場合，$n>2.0$ となると考えたからである．

注2) 水平管の一端に一定の水圧を加え，弁によって管内の流速を調整する．水平管において距離 x 離れた 2 断面の圧力水頭を測定すると，水頭差 Δh は，層流の場合は流速 v に比例し，完全乱流の場合は v^2 に比例[5]する．

層流の場合
$$v=\frac{dx}{dt}=k_1\frac{\Delta h}{x}$$
$$x\,dx=k_1\Delta h\,dt$$
積分して，
$$x=(2k_1\Delta h)^{1/2}t^{1/2}$$
完全乱流の場合
$$v=\frac{dx}{dt}=k_2\sqrt{\frac{\Delta h}{x}}$$
$$x^{\frac{1}{2}}dx=k_2\sqrt{\Delta h}\,dt$$
積分して，
$$x=(1.5k_2\sqrt{\Delta h})^{\frac{1}{1.5}}t^{\frac{1}{1.5}}$$

Weisbach の式

$$I = f\left(\frac{1}{d} \, \frac{v^2}{2g}\right) \qquad \cdots\cdots(2.15)$$

ここに,

I：エネルギー勾配

d：管の直径

v：平均流速

g：重力加速度

f：抵抗係数で，一般に次式で表される

$$f = \frac{a}{R_e^b}$$

ここに,

R_e：レイノルズ数

a, b：無次元定数

レイノルズ数は，慣性力と粘性力の比であって管径と流速に比例し，粘性に反比例する．

$$R_e = \frac{vd}{\nu} \qquad \cdots\cdots(2.16)$$

ここに,

ν：は水の動粘性係数（$\nu = \eta/\rho$, η：粘性係数, ρ：密度）

また，無次元定数 b と流れの種類との関係は，

$b = 0$　　　完全乱流

$0 < b < 1$　　面乱流

$b = 1$　　　層流

$b > 1$　　　低レイノルズ数の流れ

なお,

層流の場 $a = 64$

式(2.14), (2.15)および式(2.16)より

$$\frac{P}{w_0 x} = a\left(\frac{v}{\nu} \, d\right)^{-b}\left(\frac{1}{d} \, \frac{v^2}{2g}\right)$$

$$v=\left(\frac{2gd^{1+b}}{a\nu^b}\frac{P}{w_0}\right)^{\frac{1}{2-b}}\times\left(\frac{1}{x}\right)^{\frac{1}{2-b}} \quad\cdots\cdots\cdots(2.17)$$

$$\begin{cases}\dfrac{2gd^{1+b}}{a\nu^b}\dfrac{P}{w_0}=c\\[6pt]\dfrac{1}{2-b}=q\end{cases}$$

とおく，

$$\frac{dx}{dt}=c^q\left(\frac{1}{x}\right)^q$$

$$x^q dx=c^q dt$$

積分して

$$x=\left(\frac{2gd^{q+b}}{a\nu^2}\frac{P}{w_0}\right)^{\frac{q}{q+1}}t^{\frac{1}{q+1}} \quad\cdots\cdots\cdots(2.18)$$

$q=2.5$ のとき $b=1.6$ となり

$$x=\left(\frac{2gd^{2.6}}{a\nu^{1.6}}\right)^{\frac{1}{1.4}}\left(\frac{P}{w_0}\right)^{\frac{1}{1.4}}t^{\frac{1}{3.5}} \quad\cdots\cdots\cdots(2.19)$$

したがって，高圧によるコンクリートの水の流れが $f=a/R_e^{1.6}$ の低レイノルズ数の流れとなるとすれば，浸透深さは経過時間の 1/3.5 乗に比例することになり，低レイノルズ数浸透モデルの適用により合理的に説明される．

しかし，なお，水圧と浸透深さの関係の整合性は得られておらず，高圧浸透水のレオロジー特性やコンクリートの微細空隙分布などの実験的知見を整える必要があり，今後の研究課題である．

2.4　透水係数と浸透係数および拡散係数の関係

加圧透過試験における定常流の速度を表す透水係数 k と低圧および高圧浸透試験における浸透流の先端の速度を表す浸透係数 K および拡散係数 β_0^2 の関係について理論的に考察するとともに，実験によりその実体を解明する．

1. 理論的考察

(1) K と k の関係

均等質多孔層におけるダルシー流れの浸透長 x は，**2.2.1** の式(2.4)として示された次式で与えられる．

$$x = \sqrt{\frac{2kPt}{\omega_0}}$$

浸透係数 K は，コンクリートの加圧浸透試験によって求めた平均浸透深さ d_m を x の代わりに用いたときの k を K と書き換えたものである．したがって，コンクリートの空隙構造の多様性や試験方法の相違の影響が無視できれば，理論上は

$$K = k \qquad \cdots\cdots\cdots(2.20)$$

(2) β_0^2 と k の関係

一次元の高圧浸透流の圧力に関する基礎方程式として示された次式［**2.3.1** の式(2.10)］において

$$\frac{\partial p}{\partial t} = \frac{kE}{\omega_0}\frac{\partial^2 p}{\partial x^2}$$

$kE/\omega_0 = \beta^2$ とおいて拡散係数と呼んでいる．ここに，E(N/mm^2)は，コンクリートの実体部と水を共通に考えた場合の体積弾性係数であって，次式で与えられる．

$$\frac{1}{E} = \frac{v}{E_{co}} + \frac{1-v}{E_w} \qquad \cdots\cdots\cdots(2.21)$$

ここに，
- E_{co} ：コンクリートの実体部の体積弾性係数(N/mm^2)
- E_w ：水の体積弾性係数(N/mm^2)
  (圧力 0～100 MPa，温度 20 ℃ で 2.45×10^3 N/mm^2)
- v ：コンクリートの実体部の体積比

しかし，コンクリートの実体部のみの体積弾性係数は実際上測定不可能であるので，便宜上飽水コンクリートの一軸圧縮弾性係数 E_c とポアソン比 μ を用い，次式より算出する．

$$E = \frac{E_c}{3(1-2\mu)} \qquad \cdots\cdots(2.22)$$

水セメント比80％の飽水コンクリート（材齢28日）について実測した．$E_c = 2.67 \times 10^4$ N/mm^2，$\mu = 0.135$ を用いれば，$E = 1.22 \times 10^4$ N/mm^2 となる．

したがって，

$$\frac{E}{\omega_0} = \frac{1.22 \times 10^4 \text{ N/mm}^2}{9.8 \times 10^{-6} \text{ N/mm}^3}$$

$$= 1.24 \times 10^9 (\text{単位 mm，s}) \text{ または } 1.24 \times 10^6 (\text{単位 m，s})$$

よって，水セメント比80％程度のコンクリートの場合，理論上

$$\beta_0^2 = 1.24 \times 10^6 k$$

$$= 1.24 \times 10^6 K (\text{単位 m，s}) \qquad \cdots\cdots(2.23)$$

2．実験による検討

上記の理論的な考察に対し，実験によって検討を加えた結果は次のとおりである．

すなわち，**表-2.10** は，水セメント比55％，70％および80％の3種のコンクリート（粗骨材の最大寸法20 mm［砕石］，スランプ約12 cm，空気量約5％，AE減水剤使用）について加圧透過試験（低圧浸透試験：試験水圧0.15 MPa，および高圧浸透試験：試験水圧1.5 MPa）を行った結果である．供試体は，直径

表-2.10　透水係数 k と浸透係数 K および拡散係数 β_0^2 の関係

水セメント比(％)	透水係数 $k \times 10^{-13}$ (m/s)	浸透係数 $k \times 10^{-12}$ (m/s)	拡散係数 $\beta_0^2 \times 10^{-8}$ (m^2/s)	$\dfrac{K}{k}$ ($\times 10^1$)	$\dfrac{\beta_0^2}{k}$ ($\times 10^5$ m)	$\dfrac{\beta_0^2}{K}$ ($\times 10^4$ m)
55	6.9, 34.6, 8.7 } 7.8	30.3, 34.6, 25.7, 33.5 } 31.0	25.3, 36.6, 24.1, 48.2 } 33.6	3.97	4.31	1.08
70	23.2, 137.5 } 80.4	55.8, 53.7, 49.6, 67.7 } 56.7	72.7, 91.0, 37.2, 79.0 } 70.0	0.71	0.87	1.23
80	67.8, 14.5, 70.7 } 51.0	188.6, 180.8, 214.2, 250.5 } 208.5	287.8, 248.0, 260.6, 204.8 } 250.3	4.09	4.91	1.20

150 mm の円柱形で，高さは，加圧浸透試験の場合は 150 mm であるが，加圧透過試験の場合は 100 mm としている．供試体の養生は，材齢 28 日まで 20 ℃ の水中，試験前の 14 日間が 45 ℃，湿度 35 ％ の室内に保存している．**表-2.10** において，一部の試験値のばらつきが大きすぎるため，全体としての傾向を述べるにとどまるが，まず，浸透係数 K と透水係数 k は一致せず，$K=(7〜41)k$ となっている．

すなわち，水密性を浸透係数で評価する方が単位動水勾配当たりの流速が大きい(浸透水が流れやすい)と評価されることを意味している．これはコンクリートの空隙構造が複雑多様であって，このうち透水係数は貫通する空隙のみに依存するのに対し，浸透係数は水の浸透部をコンクリート断面上の範囲として巨視的にとらえることなどの空隙構造の多様性と試験方法の相違に起因する．

次に，拡散係数 β_0^2 と透水係数 k および浸透係数 K の関係は，$\beta_0^2=(1.1\times1.2)\times10^4 K$ となり，理論的考察の結果得られた $\beta_0^2=1.24\times10^6 k=1.24\times10^6 K$ と 10^1 ないし 10^2 相違している．これは，理論的考察の過程でコンクリートの実体部と水を共通に考えた場合の体積弾性係数の取り方にも問題があったものと考えられる．

3. R. P. Khatri らの研究[6]

この研究「コンクリートの透水性の判定法」は，高透水性コンクリートに対して一定流量法(加圧透過法)を，低透水性コンクリートに対して浸透深さ方法を適用することを推奨し，両者の試験から得られる透水係数の相関について述べるとともに，これらの試験方法の適用範囲を示している．

(1) 実験概要

① 試料コンクリートは，普通ポルトランドセメント，高スラグセメント，耐硫酸塩セメントならびにフライアッシュなど 5 種の混和材を用い，28 日圧縮強度が 35，40 および 50 MPa の 3 クラスのものとし，材齢 3 日および一部のコンクリートは材齢 28 日についても透水試験を行っている．

② 供試体は，流量法の場合は $\phi 100\times200$ mm 円柱形の下方から切断した $\phi 100\times50$ mm 円板形とし，浸透法の場合は $\phi 150\times300$ mm 円柱形を高さの中央で切断し，$\phi 150\times150$ mm 円柱形を 2 個とする(水圧面は切断面とする)．

③ 透水試験における試験水圧は，すべて 0.69 MPa 一定とし，流量法の場合は流出量が一定値を示してから 4～5 日間試験を継続し，その間の流量の平均値を試験値とする．浸透法の場合は，試験時間を 72 時間とし，平均浸透深さを測定する(訳者注：試験開始時の供試体の乾燥条件については記されていない)．

④ 透水係数はそれぞれ次の式から計算する．

流量法

$$K_f = \frac{\rho L g Q}{PA} \qquad \cdots\cdots(2.24)$$

ここに，

K_f：流量法による透水係数(m/s)
ρ：水の密度(kg/m³)
L：供試体の長さ(m)
g：重力加速度(m/s²)
Q：流量(m³/s)
P：水圧〔(kg·m/s²)/m²〕
A：供試体の断面積(m²)

浸透法

$$K_p = \frac{d^2 v}{2Th} \qquad \cdots\cdots(2.25)$$

ここに，

K_p：浸透法による透水係数(m/s)
d：浸透深さ(m)
v：空隙率
T：試験時間(72 時間)(s)
h：圧力水頭(m)

コンクリートの空隙は骨材中の空隙を無視し，エントレインドエアーと毛管空隙の和とする．毛管空隙は次の Powers らの式から計算する．

$$V_P = \left[(W/C) \times (100 - \alpha \times 36.15)/(W + 100/g)\right]$$

ここに，

V_p ：セメントペースト容積に対する毛管空隙の百分率
W/C：水セメント比
W ：コンクリート中の自由水の量(kg／m³)
g ：セメントの密度(g／cm³)
α ：水和の進行度で試料コンクリートと同じ水セメント比のセメントペーストについて，蒸発可能と不可能の水量から求める．

(2) 結果と考察

図-2.10 と図-2.11 は種々のコンクリートについて，両試験法で求めた透水係数の関係を示す．これらの間には良い相関が認められ，相関係数は $R=0.88$ となっている．

しかし，流量法は高透水性コンクリートの場合しか適用できない．試料コンク

NPC：普通セメント
HSC：高炉スラグセメント
SF ：シリカフューム，フライアッシュ
SRC：耐硫酸塩セメント
FA ：フライアッシュ

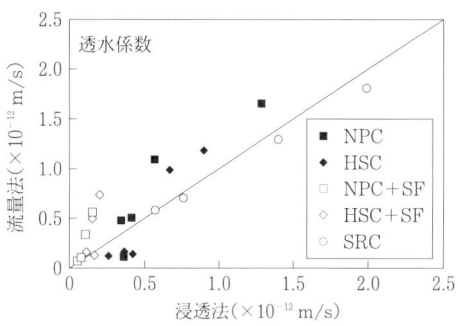

図-2.10 流量法で測定した透水係数と浸透法で測定した透水係数の関係

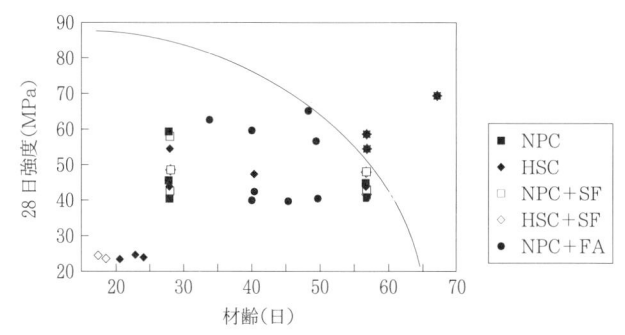

図-2.11 種々の結合材でつくったコンクリートの透水性を評価する適正な方法選択のための指針

リートに対しいずれの透水試験方法が適しているかを前もって判断できることが望ましい．**図-2.11**はコンクリートの品質（28日強度レベルで表示）と材齢の関係図において，流量法が適用できた場合を打点したものである．曲線は，流量法と浸透法の適用の境界を示したもので次式で表される．

浸透法
$$2.3(T)^2 + 1.1(F_c^{28})^2 > 10\,400 \qquad \cdots\cdots\cdots(2.26)$$

流量法
$$2.3(T)^2 + 1.1(F_c^{28})^2 < 10\,400 \qquad \cdots\cdots\cdots(2.27)$$

ここに，
　　T　：コンクリートの材齢（日）
　　F_c^{28}：材齢28日の圧縮強度（MPa）

ただし，加える水圧の大きさが上記の境界に影響することに注意する．

　また，流量法においては，供試体のすべての細孔内に水が吸着し，細孔表面が水の透過に対して摩擦または毛管引力を及ぼさないことが前提となる．したがって，透水試験終了後，供試体を割ったとき，破面は完全に湿潤状態になっていなければならない．**図-2.11**中の✽印は破面の一部が湿潤ではなかったもので，試験値から除かれている．

　一方，浸透法においては，一次元流れが実現することが前提となるから，浸透深さは供試体の幅より十分小さくなければならない．

2.5　毛管浸透流

2.5.1　鉛直上向き毛細管浸透モデルによる解析[7),8)]

　コンクリート中の毛管浸透流の解析モデルとして，**図-2.12**に示す一本の鉛直上向き毛細管内の一次元流れを考える．鉛直上向き毛管浸透流の運動方程式は次式となる．

2.5 毛管浸透流

$$\rho\frac{\pi}{4}\phi^2 z\frac{d^2z}{dt^2}=\pi\phi T\cos\alpha-\pi\phi z\tau_0-\rho g\frac{\pi}{4}\phi^2 z \qquad \cdots\cdots(2.28)$$

（慣性力項）　（表面張力項）（粘性力項）（重力項）

ここに，
- ρ：液体の密度
- ϕ：毛細管の直径
- z：浸透高さ
- T：液体の表面張力
- α：接触角
- τ_0：壁面抵抗力
- g：重力加速度

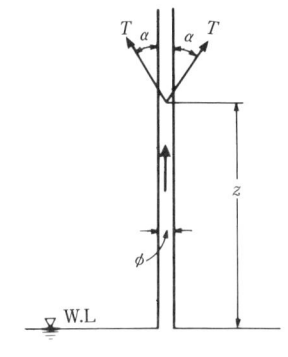

図-2.12　鉛直毛細管モデル

最終浸透高さを Z_e とすると

$$Z_e=\frac{\pi\phi T\cos\alpha}{\rho g\frac{\pi}{4}\phi^2}=\frac{4T\cos\alpha}{\rho g\phi} \qquad \cdots\cdots(2.29)$$

また，層流とみなせるから Hagen-Poiseuille の管内流量式より

$$U_m=\frac{\phi^2}{32\mu}\rho gI \qquad \cdots\cdots(2.30)$$

ここに，
- U_m　：断面の平均流速
- μ　　：液体の粘性係数
- I　　：エネルギー勾配

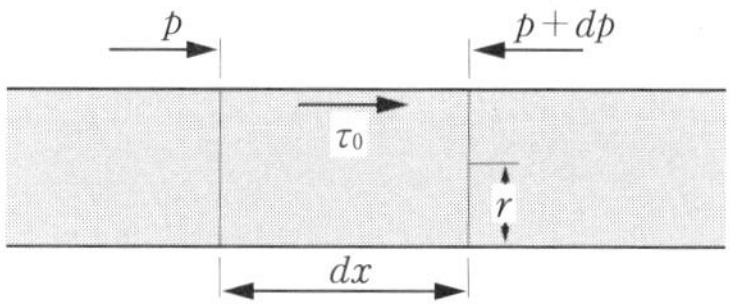

一方，図-2.13 を参照して

$$\tau_0=\frac{\phi}{4}\frac{dp}{dz}=\frac{\phi}{4}\rho gI \qquad \cdots\cdots(2.31)$$

図-2.13　細管内の流れに作用する圧力と抵抗力

式(2.26)と式(2.27)より

$$\tau_0=\frac{8\mu}{\phi}U_m=\frac{8\mu}{\phi}\frac{dz}{dt} \qquad \cdots\cdots(2.32)$$

コンクリートにおける毛管浸透流の流速が遅いことを考慮して，式(2.32)の慣性力項を無視するとともに，式(2.29)および式(2.32)を式(2.28)に代入すれば鉛直上向き毛管浸透流の基礎方程式として式(2.33)が導かれる．

$$\rho g \frac{\pi}{4} \phi^2 Z_e = 8\pi\mu z \frac{dz}{dt} + \rho g \frac{\pi}{4} \phi^2 z$$

$$Z_e - \frac{32\mu}{\rho g \phi^2} z \frac{dz}{dt} - z = 0 \qquad \cdots\cdots\cdots (2.33)$$

式(2.33)において，$z=Z_e/2$ における浸透流の流速を V_0 とすれば

$$V_0 = \left(\frac{dz}{dt}\right)_{z=\frac{Z_e}{2}} = \frac{\rho g \phi^2}{32\mu} \cdot \left(\frac{Z_e-z}{z}\right)_{z=\frac{Z_e}{2}} = \frac{\rho g \phi^2}{32\mu} \qquad \cdots\cdots\cdots (2.34)$$

V_0 を平均浸透速度と呼ぶ．

以上のように，最終浸透高さ Z_e および平均浸透速度 V_0 は，それぞれ式(2.29)および式(2.34)で表され，いずれも毛管浸透流の重要な物性値であることがわかる．したがって，これらによって毛管浸透性を満足に評価できると考えられる．なお，平均浸透速度を毛管浸透係数 K_c と呼ぶことにする．

2.5.2　鉛直下向き浸透および水平浸透の場合[7]

単一毛細管モデルにおいて，表面張力による吸引力や壁面抵抗力は管の方向に無関係であるので，鉛直下向き浸透流および水平浸透流の運動方程式は，式(2.28)において前者の場合は重力項の符合をプラスとし，後者の場合は重力項をゼロとすればよい．

すなわち，鉛直下向き浸透の場合

$$\rho \frac{\pi}{4} \phi^2 z \frac{d^2 z}{dt^2} = \pi\phi T\cos\alpha - \pi\phi z\tau_0 + \rho g \frac{\pi}{4} \phi^2 z \qquad \cdots\cdots\cdots (2.35)$$

水平浸透の場合

$$\rho \frac{\pi}{4} \phi^2 z \frac{d^2 z}{dt^2} = \pi\phi T\cos\alpha - \pi\phi z\tau_0 \qquad \cdots\cdots\cdots (2.36)$$

上式中の慣性力項を無視し，$V_0=\rho g \phi^2/32\mu$ で定義される平均浸透速度 V_0 を用いれば鉛直下向きおよび水平浸透流の基礎方程式はそれぞれ式(2.37)および式(2.38)となる．

$$Z_e - \frac{1}{V_0} z \frac{dz}{dt} + z = 0 \qquad \cdots\cdots\cdots (2.37)$$

$$Z_e - \frac{1}{V_0} z \frac{dz}{dt} = 0 \qquad \cdots\cdots(2.38)$$

経過時間 t と浸透深さ z の関係を求めると,

鉛直下向き浸透の場合

$$t = \frac{1}{V_0}\left\{z - Z_e \ln\left(1 + \frac{z}{Z_e}\right)\right\} \qquad \cdots\cdots(2.39)$$

水平浸透の場合

$$t = \frac{z^2}{2 V_0 Z_e} \qquad \cdots\cdots(2.40)$$

2.5.3 コンクリートの毛管浸透性[7]

砂層や粉体中の毛管浸透流の物性値として, キャピラリー定数および透水係数が用いられている. 単一毛細管モデルによる解析結果をコンクリートに拡張して導かれるコンクリートの最終浸透高さおよび毛管浸透係数は, それぞれ砂層におけるキャピラリー定数および透水係数に相当するものである.

1. 最終浸透高さ

図-2.12[8]は, コンクリート角柱供試体の底面を水に接した鉛直上向き毛管浸透試験結果の一例であって, 水の浸透部の含水率を高周波水分計によって測定したものである. この図に示すように, 含水率は供試体の底部付近で最大値を示し, 上方に行くに従って次第に減少する. このことは, コンクリート中の空隙を径の異なる多数の鉛直毛細管の集合モデルに拡張することにより説明することができ, また, **2.5.1** に述べた解析結果を適用することができる. この場合, 最終浸透高さとして, 図-2.14 に示す値の平均値, すなわち, 平均最終浸透高さ $\bar{Z}_e$ を求

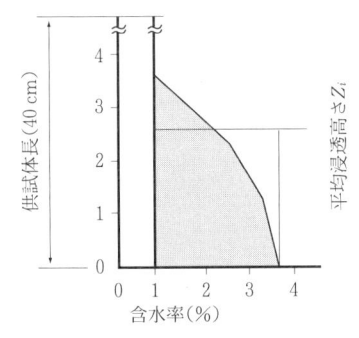

図-2.14 浸透高さと含水率の関係

めれば、この値がコンクリートの毛管浸透性を代表する物性値と考えられる。なお、最終浸透高さの最高値 Z_{eu} は浸食液に対する耐久性などを論じる場合に実用上重要な値である。水セメント比 40〜80％ の広い範囲のコンクリートに対し、$Z_{eu}/\bar{Z}_e = 1.70 \sim 2.00$、平均約 1.85 である。

砂層などで従来用いられているキャピラリー定数 C_p は次式で与えられ、

$$C_p = \frac{\rho g d_p}{T \cos \alpha} \bar{Z}_e \qquad \cdots\cdots\cdots (2.41)$$

水の表面張力 T、接触角 α、平均有効径 d_p、だけでなく、砂層中の水の経路の幾何学的形状に関係しており、特定しにくい。そこで、容易に実測できる最終浸透高さの平均値 $\bar{Z}_e$ をキャピラリー定数に代わる物性値として採用したのである。

2. 毛管浸透係数

鉛直上向き毛管浸透流で定義された平均浸透速度は、$V_0 = \rho g \phi^2 / 32\mu$ で与えられる〔式(2.34)参照〕。コンクリートを対象とする場合、毛細管内の流れは層流とみなせるから、Poiseuille の法則が成立する〔式(2.30)参照〕。

$$U_m = \frac{\phi^2}{32\mu} \rho g I = V_0 \frac{dh}{dx} \qquad \cdots\cdots\cdots (2.42)$$

一方、コンクリートのような多孔材料においては、ダルシー則より

$$u = k \frac{dh}{dx} \qquad \cdots\cdots\cdots (2.43)$$

式(2.42)と式(2.43)を比較すると、毛管浸透流の平均浸透速度 V_0 は、多孔体における透水係数に相当する。したがって、コンクリートの鉛直上向き毛管浸透試験において、各経過時間ごとに測定した平均浸透高さ $\bar{Z}$ を用いてコンクリートの平均浸透速度 $\bar{V}_0$ を求めれば、$\bar{V}_0 = K_c$ となり K_c をコンクリートの毛管浸透係数と呼ぶ。なお、各経過時間における浸透高さの最大値 Z_u を用いて求めた平均浸透速度の最大値 V_{0u} をコンクリートの最大毛管浸透係数 K_{cu} と呼ぶ。以上のように、コンクリートの毛管浸透性を表す物性値は、平均最終浸透高さ $\bar{Z}_e$ および毛管浸透係数 K_c であって、これらの値はコンクリートの鉛直上向き毛管浸透試験から求められる。試験方法の詳細は、**第3章**に述べてある。コンクリートにおける鉛直下向きおよび水平浸透流の基礎方程式は、それぞれ、式(2.44)および式

(2.45)に，経過時間と平均浸透深さの関係を式(2.46)，および式(2.47)に示す．

$$\bar{Z}_e - \frac{1}{K_c} \bar{Z} \frac{d\bar{Z}}{dt} - \bar{Z} = 0 \qquad \cdots\cdots\cdots (2.44)$$

$$\bar{Z}_e - \frac{1}{K_c} \bar{Z} \frac{d\bar{Z}}{dt} = 0 \qquad \cdots\cdots\cdots (2.45)$$

$$t = \frac{1}{K_c}\left[\bar{Z} - \bar{Z}_e \ln\left(1 + \frac{\bar{Z}}{\bar{Z}_e}\right)\right] \qquad \cdots\cdots\cdots (2.46)$$

$$t = \frac{\bar{Z}^2}{2K_c \bar{Z}_e} \qquad \cdots\cdots\cdots (2.47)$$

ここに，

t ：経過時間(s)

K_c ：毛管浸透係数(mm/s)

$\bar{Z}_e$ ：平均最終浸透高さ(mm)

$\bar{Z}$ ：平均浸透深さ(mm)

なお，経過時間と浸透深さの最大値 Z_u との関係が必要な場合には，式(2.44)または式(2.45)において，K_c の代わりに K_{cu} を Z_e の代わりに Z_{eu} を用いればよい．

文　献

1) Ruettgers, A., Vidal, E. N. and Wing, S. P.：*ACI Journal*, Vol. 31, Mar.-Apr., 1935
2) Jacob, C. E.：Flow of Ground Water, Engineering hydrau lics, ed. by Rouse H., John Wiley, p. 321, 1951
3) 村田二郎・越川茂雄・伊藤義也：コンクリートにおける加圧浸透流に関する研究，コンクリート工学論文集，Vol11, No. 1,2000（Issue 22）
4) 村田二郎：コンクリートの水密性の研究，土木学会論文集，第77号，1961.11
5) 本間　仁：標準水理学，丸善
6) Khatri, R. P. and Sirivivatnanon, V.：Methods for the Determination of Water Permeability of Concrete, *ACI Materials Journal*, May-June, pp. 257-261 1997
7) 荻原能男：流動化コンクリートの吸水によるキャピラリーに関する研究，日本大学生産工学部流動化コンクリート研究委員会報告，1983
8) 越川茂雄・荻原能男：コンクリートの毛管浸透試験方法に関する研究，土木学会論文集，第426号/V-14, 1991.2

第3章　コンクリートの透水試験方法

3.1　概　　説

　コンクリート構造物の水密性は，用いるコンクリートの品質よりも工事現場におけるコンクリートの打込み，締固め，養生などの施工の良否に依存することが多いため，試験室における供試体による透水試験結果がそのまま反映するとは限らない．

　しかし，コンクリートの水密性は，使用材料，配合，養生などの影響を相当に受けるため，入念に打ち込み，締め固めた均等質の供試体による透水試験も水密的なコンクリートをつくるための大切な試験である．また，透水試験は，コンクリートの耐久性を評価するための重要な資料を提供することができる．

　透水試験方法として，アウトプット方法，インプット方法，および毛管浸透試験方法があり，それぞれコンクリート中の水の流れ方，すなわち加圧透過流，加圧浸透流および毛管浸透流に対応するものである．

3.2 アウトプット方法

コンクリート供試体に水を圧入して対面に透過させ，定常状態の流れとする．

定常流を基本とするため，透水の解析が明白で理想的な方法であるが，流れが定常状態になるまでに一般に長時間を要し，時には実用の範囲で流出量が得られない場合もある．そのため，実状とかけ離れた大きい水圧を加えたり，供試コンクリートを高水セメント比，または弱材齢に限るなどの不都合が生じることがある．

また，コンクリートの内部組織のわずかな変化が，透過水量に大きく影響するので，試験値のばらつきが大きい．

アウトプット方法には，円柱形または円板形供試体を用いる方法と中空円筒形供試体を用いる方法がある．

1. 標準的な方法

(1) 概　　要

円柱形供試体の側面を水密に保ち，端面に水圧を加えてコンクリートの打込み方向と透水方向を同じくした一次元流を生じさせる．流れが定常状態になるまで試験を継続し，そのときの流速を用い，ダルシー則によって透水係数を算定し，コンクリートの水密性の尺度とする．

(2) 試験方法

① 供試体は，直径と高さがほぼ等しい円柱形とし，直径は粗骨材の最大寸法の5倍以上とする．標準寸法を表-3.1に示す．

表-3.1　供試体の標準寸法

粗骨材の最大寸法(mm)	供試体の寸法(mm)
20～25	$\phi 150 \times 150$
40	$\phi 200 \times 200$
60	$\phi 300 \times 300$

② 所定の材齢まで養生した供試体の側面にパラフィン・ロジンの混合物(質量比1：1)を塗布した後，透水試験容器内に設置し，供試体と試験容器の間隙にアスファルトおよびパラフィン・ロジンの混合物を充填し，供試体側面を水密にする(図-3.1参照)．

この方法により 2〜3 MPa の水圧に対し，供試体側面を水密に保つことができる．

③ 所定の水圧を加え，流入量と流出量がほぼ等しくなり，定常状態の流れとなるまで試験を継続し（流出量がほぼ一定となるまででもよい），そのときの単位時間当たりの流出量，または流速を用いて，次式から透水係数を計算する．

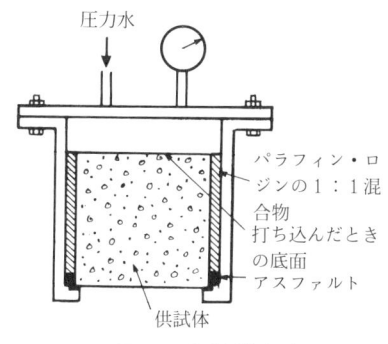

図-3.1 透水試験容器

$$k = \frac{Q}{A} \frac{L}{H} \quad \cdots\cdots\cdots(3.1)$$

ここに，
　k ：透水係数（mm/s または ×10^{-3} m/s）
　Q ：単位時間当たりの流出量（mm³/s）
　A ：供試体の断面積（mm²）
　L ：供試体の高さ（mm）
　H ：圧力水頭（mm）［$H = P/w_0$，P：水圧（MPa），w_0：水の単位重量（9.8 ×10^{-6} N/mm³）］

(3) 参考資料

① コンクリート中の水の流れが定常状態になるまでに一般に長時日を要するが，**第 2 章 2.1 図-2.1**(p.8)は，その一例を示している．この図は，ダム用コンクリート中のモルタル部分（水セメント比＝67 %，砂セメント比＝4.04）を試料とし，φ150×150 mm 供試体に試験水圧 2.75 MPa を加えた場合であって，水圧を加えてから約 400〜600 時間で定常流となっている．

② 表-3.2 に透水係数試験値のばらつきを示す．アウトプット法による透水係数試験値の変動係数は相当に大きく，70〜80 % に達することが少なくない．これは，**3.3** に示す浸透深さ方法による拡散係数試験値の 2 倍以上で，コンクリートの打込み時に形成される水みちの形状や径のわずかな変化が透過水量に著しい影響を与えることを示している．

表-3.2 透水試験値のばらつき

透水試験方法		浸透深さ方法			アウトプット方法	
コンクリートの配合	粗骨材の最大寸法(mm)	25	40		25	
	単位セメント量(kg)	283	269		302	
	単位水量(kg)	164	156		181	
	水セメント比(%)	58	58		60	
	細骨材率(%)	42	38		44	
	スランプ(cm)	7.5	8.5		14	
供試体の形状および寸法		$\phi 15 \times 15$ cm 円柱形	$\phi 20 \times 20$ cm 円柱形	$\phi 20 \times 20$ cm 円柱形	$\phi 20 \times 20$ cm 円柱形	直径2cmの中心孔をもつ $\phi 15 \times 15$ cm 中空円筒形
材齢(日)		28			7	
試験水圧(MPa)		0.98	1.96	0.98	0.98	
拡散係数(m^2/s) または 透水係数(m/s)		7.6 8.6 12.1 8.1 8.5　11.0 11.3　× 14.4　10^{-8} 13.7　(m^2/s) 13.6 9.4 13.6	10.2 13.4 13.2 15.5 11.8　16.1 26.2　× 17.4　10^{-8} 20.5　(m^2/s) 15.9 21.2 12.2	11.7 15.7 32.7 13.5 12.3　14.2 14.1　× 12.6　10^{-8} 9.9　(m^2/s) 11.7 12.6 14.3 9.4	14.3 6.5 3.2 6.8 2.7　4.2 2.6　× 2.0　10^{-11} 3.2　(m^2/s) 2.8 1.6 3.0	0.8 2.3 5.0　3.1 0.5　× 3.9　10^{-12} 8.8　(m^2/s) 3.1 1.3 2.2
供試体の個数		11	11	12	12	9
試験値の変動係数(%)		23.8	30.1	42.8	84.4	74.8
備考		浸透深さ方法における試験時間は、48時間とした.				

2. 中空円筒形供試体を用いる方法

(1) 概　要

　コンクリートの打込み方向と透水方向との関係が大多数の実構造物と類似の関係となることを意図して考案されたもの[1]で，水密に保つ面が供試体端面であるため，試験の操作が容易となる利点がある．

(2) 試験方法

① 供試体は，直径 20 mm の中心孔をもつ ϕ 150×300 mm の中空円筒形とする．

② 供試体の上下端面にゴムパッキンを圧着して水密に保ち，供試体の外側面に所定の水圧を加え，中心孔に流出させる（水圧を中心孔から加え，外側面に流出させてもよい）（図-3.2 参照）．

③ 単位時間当たりの流出量がほぼ一定となるまで試験を継続し，次式から透水係数を計算する．

$$k = \frac{\log(r_0/r_i)}{2\pi h} \frac{\omega_0}{P_0 - P_i} Q \cdots\cdots (3.2)$$

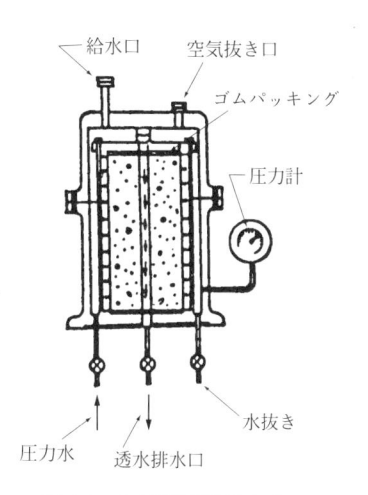

図-3.2 中空円筒供試体を用いる透水試験方法（外圧式）

ここに，

k：透水係数（mm/s または ×10^{-3} m/s）

r_0：供試体の半径（mm）

r_i：中心孔の半径（mm）

h：供試体の高さ（mm）

P_0：供試体の外側面における水圧（MPa）

P_i：中心孔における水圧（MPa）

Q：単位時間当たりの流出量（mm³/s）

(3) 参考資料

① プラスチックでワーカブルなコンクリートを入念に施工した場合は，コンクリートの打込み方向と透水方向の関係が相違しても透水試験結果に差違はない（スランプ約 18 cm のコンクリートでもブリーディングにより貫通した水みちが形成され，打込み方向の透水量が著しく増大するのは上層部の厚さ約 10 cm の区間であって，それ以下の部分では打込み方向に対する透水方向によってコンクリートの透水性に差異は認められない[2]）．

② 中空円筒形供試体の外側に水圧を加え，中心孔から流出させる方法（外圧式）でも，中心孔に水圧を加え，外側面から流出させる方法（内圧式）でも試験結果

に差違はない.

内圧方式による場合,コンクリート表面からの水の流出状況を観察できる利点があるが,流出量の蒸発を防ぐ処置を講じておくこと,内圧により供試体が割裂引張り破壊を起こすことがあるので注意を要する.

③ 式(3.2)は次のように導かれる.

ダルシー式を適用して(図-**3.3** 参照),

$$Q = 2\pi r h \frac{k}{\omega_0} \log \frac{r_i}{r_0} \frac{dp}{dx} \quad \cdots\cdots(3.3)$$

$$dp = \frac{Q}{2\pi h} \frac{\omega_0}{k} \frac{dr}{r}$$

$$p = \frac{Q}{2\pi h} \frac{\omega_0}{k} \log r + c$$

外圧方式の場合

$r - r_i$ のとき $p = P_i = 0$

$$C = P_i - \frac{Q}{2\pi h} \frac{\omega_0}{k} \log r_i$$

$$p = P_i + \frac{Q}{2\pi h} \frac{\omega_0}{k} \log \frac{r}{r_i}$$

$r = r_0$ のとき $p = P_0$

$$k = \frac{\log(r_0/r_i)}{2\pi h} \frac{\omega_0}{P_0 - P_i} Q \quad \cdots\cdots(3.4)$$

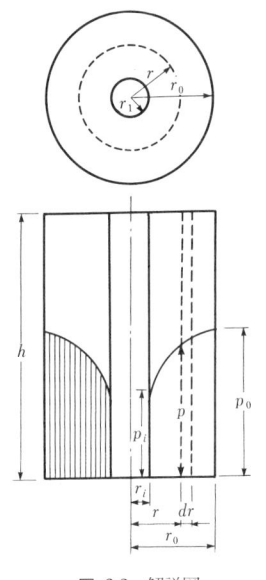

図-**3.3** 解説図

3.3 インプット方法

一定圧力のもとで一定時間供試体に圧入した水量または浸透深さ,浸透面積などによってコンクリートの水密性を評価する方法である.

1. 浸透深さ方法[3),4)]

(1) 概　　要

所定の養生を終了した供試体の気乾，または絶乾状態として試験に供する．

すなわち，所定の水圧を所定時間加えた後，供試体を割裂して水の平均浸透深さを測定し，試験水圧の大きさにより，浸透係数，または拡散係数によってコンクリートの水密性を評価する．

(2) 試験方法

① 供試体は，**3.2**に示したと同様な直径と高さがほぼ等しい円柱形とし，その標準寸法は**表-3.1**(p.36)に示したと同様である．

② 所定期間養生した供試体の上下端面を研磨して，平滑に仕上げた後，乾燥する．乾燥条件は，温度45℃，湿度35％の室内で14日間，および温度20℃，湿度65％の室内で14日間を標準とする．前者は，乾燥ひび割れが生じることなくほぼ絶乾状態となる条件とされており，後者は一般の期間状態を表す．

③ 供試体を**図-3.1**に示した試験容器内に設置し，アウトプット方法の場合と同様にパラフィン・ロジンの混合物およびアスファルトを充填して供試体側面を水密に保つ．

ただし，試験水圧が比較的小さく，1 MPa程度以下の場合には，**図-3.4**に示す簡易透水試験装置[6)]を使用することができる．これは，**図-3.1**(p.37)の容器の蓋部，および底板，両者を締結するボルト・ナットからなっている．あらかじめ供試体の側面にパラフィン・ロジンの混合物を塗付して水密とし，供試体の水圧面と蓋との間に直径140 mmのOリングを介して蓋と底板をナット締めするもので，試験装置への供試体の着脱時の手数を著しく低減することができる．

④ 所定の水圧を所定時間加えた後，JIS A 1113「コンクリートの割裂引張強度試験方法」に準じて供試体を直径方向に割り，水

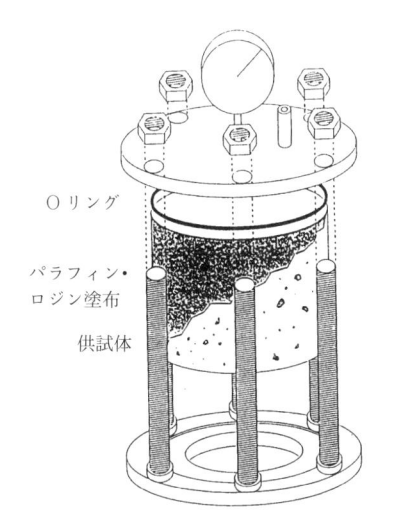

図-**3.4**　簡易透水試験装置

の浸透深さを測定する．平均浸透深さを求めるには，⑤ に示すコンピューターによる画像解析法が望ましいが，プラニメーターを用いる目視法でもよい．

プラニメーター法による場合は，供試体の割裂面における水の浸透部を直ちに着色して撮影する（**写真-3.1** 参照）．印画紙上で，プラニメーターを用いて供試体の全断面積および水の浸透部の面積を測定し，供試体の高さの実測値を用い平均浸透深さを計算する．

なお，低圧浸透試験においては，ダルシー浸透流の先端を視覚的に判定することは困難であるので，毛管浸透流の先端までの平均浸透深さを測定し，同時

$W/C=70\%$ $s/a=50.7\%$
試験水圧：1.5 MPa
加圧時間：48 時間

$W/C=55\%$ $s/a=47.1\%$
試験水圧：1.5 MPa
加圧時間：48 時間

写真-3.1 供試体の割裂面における圧入水の浸透状況（材齢 28 日，試験前 20℃，湿度 65％ で 14 日間乾燥）

に行った毛管浸透試験における平均浸透深さを差し引いて試験値とする．
⑤ コンピューターの画像解析による平均浸透深さの測定法は，次のとおりである[6]．

加圧試験終了後，供試体を割裂し，直ちに断面を撮影する．この場合，水の浸透部の境界の縁取りや着色などは行わない．また，カメラは焦点距離 50 mm のものを用いるのがよい(像の縦横比が等しく，湾曲が生じない)．ネガフィルムからスキャナーによってビットマップ画像として読込みを行う．ビットマップ画像は，ピクセル(微小正方形グリッドで一辺が約 2.5 μm のとき，幅 150 mm はグリッド約 6 万個で構成される)から構成され，各ピクセルには，特定の位置とカラー値が割り当てられている．ネガフィルム上で水の浸透部と未浸透部では濃淡が生じるので写真レタッチや画像編集を目的にデザインされた市販のソフトを利用して，この濃淡を輝度値としてとらえ，水の浸透部の境界を判定する．このソフトには，目的範囲の大きさを自由に矩形で選択できるもの，また隣接した近似色範囲を指定して自動的に選択する機能が準備されている．これらを用い，以下の手順で水の浸透部を判別する．

まず，浸透部および未浸透部における任意の一部分を矩形範囲として選択し，それぞれの輝度値の平均値を求める．平均値の差から，浸透部と未浸透部の輝度差を求め，これを「隣接した近似色の範囲」として指定し，加圧面の付近の浸透部から近似色範囲を選択させ，浸透部分を自動的に判別させる．

次に，供試体断面積を矩形範囲として選択し，浸透部と供試体前段面のそれぞれのピクセル数を求め，両者の比に供試体の高さの実測値を乗じて平均浸透深さとする．

⑥ **第 2 章 2.3** に述べたように，作用する水圧の大きさによりコンクリート中の水の流れの機構が相違するので，水圧が 0.15 MPa 以下の場合とこれを超える場合に対し，それぞれ浸透係数および拡散係数を次式から計算する．

(i) 試験水圧 $P \leqq 0.15$ MPa の場合

$$K = \frac{w_0}{2Pt} d_m^2 \qquad \cdots\cdots\cdots(3.5)$$

ここに，

K ：浸透係数(mm/s または $\times 10^{-3}$ m/s)

P ：試験水圧(MPa)

t ：試験時間(s)

d_m ：平均浸透深さ(mm)

w_0 ：水の単位容積重量($9.8×10^{-6}$ N/mm^3)

(ii) 試験水圧 $P>0.15$ MPa の場合

$$\beta_0^2 = \alpha \frac{D_m^2}{4t\xi^2} \quad \cdots\cdots(3.6)$$

ここに,

β_0^2 ：初期拡散係数(mm^2/s または ×10^{-6} m^2/s)

t ：試験時間(s)

D_m ：平均浸透深さ(mm)

α ：試験時間に関する補正係数で，$t=48$ 時間の場合 $\alpha=175.7$，$t=72$ 時間の場合 $\alpha=209.0$〔そのほかの場合は**第2章表-2.7(p.18)**参照〕

ξ ：試験水圧に関する係数で，$P=1.47$ MPa の場合は $\xi=1.301$〔そのほかの場合は**第2章表-2.8(p.19)**参照〕

(3) 参考資料

① プラニメーター法と画像解析法による試験値のばらつきの比較

　画像解析法の場合は，プラニメーター法による場合より一工程少なく，また個人の視覚に頼ることがないので浸透深さの測定誤差が少なくなることが期待される．表-3.3 はプラニメーター法と画像解析法による拡散係数試験値の変動係数を比較したものである[6]．

　コンクリートは，粗骨材の最大寸法 20 mm，単位セメント量 220～340 kg/m^3，AE 減水剤使用($W/C=69.5$～46.0 %) および高性能 AE 減水剤使用($W/C=61.8$～40.0 %)スランプ約 8 cm，空気量約 5 % の 8 種とし，試験前の供試体の乾燥条件を 20 ℃，湿度 65 %，14 日間および 45 ℃，湿度 35 %，14 日間とし，試験水圧を 0.98 MPa，試験時間を 48 時間としている．

　表-3.3 において，プラニメーター法によって求めた拡散係数試験値の変動係数は，乾燥温度が 20 ℃ の場合，16.0～69.8 %，平均 30.4 %，45 ℃ の場合，7.6～38.8 %，平均 18.1 % である．一方，画像解析法による試験値の変動係数は，乾燥温度が 20 ℃ の場合，3.5～19.1 %，平均 10.9 %，45 ℃ の場合，5.5～

3.3 インプット方法

表-3.3 プラニメーター法と画像解析法による拡散係数試験値と変動係数(単位：$\times 10^{-8} m^2/s$)

混和剤の種類	単位セメント量 (kg/m³)	供試体の乾燥条件			
		20℃, RH 65%, 14日間		45℃, RH 35%, 14日間	
		プラニメーター法	画像解析法	プラニメーター法	画像解析法
AE減水剤	220	10.4 12.2 9.18 8.03 } 9.94	7.86 7.60 8.76 8.12 } 8.09	79.5 51.5 60.6 61.9 } 63.4	67.6 63.8 70.2 62.3 } 66.0
	変動係数(%)	17.7	6.18	18.5	5.45
	260	4.01 4.98 6.15 6.56 } 5.43	4.88 5.02 4.67 4.67 } 4.81	48.0 49.1 51.2 56.8 } 51.3	46.4 39.4 47.9 54.9 } 47.2
	変動係数(%)	21.3	3.51	7.60	13.4
	300	6.15 5.76 5.33 7.62 } 6.23	5.66 5.02 5.02 5.02 } 5.18	38.7 51.1 42.3 40.6 } 43.2	37.3 47.7 43.7 39.2 } 42.0
	変動係数(%)	16.0	6.29	12.7	11.1
	340	1.66 4.86 1.03 2.12 } 2.42	1.53 3.77 0.69 0.61 } 1.65	25.1 13.2 37.0 33.2 } 27.1	24.6 18.1 25.1 22.1 } 22.5
	変動係数(%)	69.8	8.92	38.8	14.2
高性能AE減水剤	220	10.1 6.17 5.97 6.35 } 7.15	5.52 4.15 5.02 4.47 } 4.79	57.0 39.0 41.2 50.6 } 46.9	60.1 48.4 47.3 62.6 } 54.6
	変動係数(%)	27.1	12.6	17.9	14.4
	260	4.79 5.67 9.10 10.8 } 7.45	3.89 4.08 5.67 5.45 } 4.77	34.9 36.9 29.1 24.0 } 18.7	35.8 43.2 45.1 39.2 } 40.9
	変動係数(%)	37.4	19.1	18.7	10.2
	300	2.70 3.03 4.64 3.94 } 3.87	2.45 2.08 2.70 3.13 } 2.59	20.5 23.9 28.0 25.4 } 24.4	22.5 28.0 26.7 25.9 } 25.8
	変動係数(%)	24.3	17.1	12.8	9.11
	340	4.50 3.70 2.08 3.56 } 3.46	2.91 2.55 2.08 2.40 } 2.49	22.2 18.1 17.4 14.5 } 17.7	20.3 18.7 17.5 15.9 } 18.1
	変動係数(%)	29.2	14.0	17.7	10.3

14.2％，平均11.0％となっており，画像解析法によって試験誤差を相当に低減できることが示されている．

② 浸透係数と拡散係数の関係

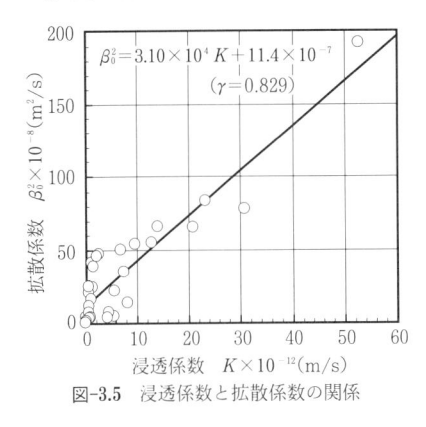

図-3.5は，広い範囲の種々のコンクリートについて，それぞれの浸透係数と拡散係数の関係を示したものである．すなわち，単位セメント量220～340 kg/m³，プレーン，AE剤，AE減水剤または高性能AE減水剤を使用し，透水試験前の供試体の乾燥条件を45℃，湿度35％，14日間，および20℃湿度65％，14日間とした場合の定圧および高圧浸透試験（試験水圧$P=0.15$ MPaおよび$P=0.98$ MPa）を行い，得られた浸透係数と拡散係数〔**第4章 4.3 表-4.6（p.62）参照**〕を対比したもので，両者の間にはほぼ直線関係が認められ，次式で表される．

$$\beta_0^2 = 3.10 \times 10^4 K + 11.4 \times 10^{-7} \qquad \cdots\cdots\cdots(3.7)$$

図-3.5 浸透係数と拡散係数の関係

ここに，

K：浸透係数(m/s)

β_0^2：拡散係数(m²/s)

上式の相関係数は0.83であって，浸透係数または拡散係数のいずれか一方を実測すれば他方を実用上満足に推定することができる．

2. ISO国際規格試験方法「加圧浸透深さ試験方法」（**ISO/DIS7031 "Concrete hardened Determination of the depth of penetration of water under pressure" 1998**）

(1) 概　要

湿度95％以上で養生した湿潤状態の供試体に，100～700 KPaの水圧を3段階に順次加え，この間に対面への水の滲出の有無を確認する．水圧を加え終わった後，供試体を割裂し，断面を乾かして水の浸透部の境界を確認し，浸透深さの平均値を推定するとともに，最大値を測定する．

(2) 試験方法

① 供試体は，一辺または直径が 150 mm，200 mm または 300 mm の角柱形，または円柱形とし，その高さが一辺，または直径の 1/2 以上，100 mm 以上とする（一般には 150 mm としてよい）．

② 供試体は，材齢 17 時間〜3 日で脱型し，水圧が加わる面をワイヤーブラシで粗にした後，温度 20 ℃±2 ℃，湿度 95 ％ 以上で湿空養生し（水中養生してはならない），湿潤状態として試験に供する．供試体は 1 組 3 個以上とし，材齢は 28 日を標準とする．

③ 試験装置は，供試体の水圧面以外のほかの面が常時観察できるものであることが望ましい．試験装置の一例を図-3.6 に示す．
水圧が加わる面の直径は，供試体の一辺または直径の約 1/2 とする．透水試験に用いる水は，水道水，蒸留水，または脱イオン化水とする．

④ 試験に先立ち，各供試体の見掛け密度を測定する．

　試験水圧として，100 KPa を 48 時間加えた後，300 KPa および 700 KPa を 24 時間ずつ順次加え（水圧は ±10 ％ 以内に保持する），この間に水圧面以外の面における水の滲出の有無を観察し記録する．漏水がある場合は試験を中止する．

　700 KPa の水圧を加えた後，水圧面の水分を拭き取り，水圧面に垂直に供試体を半分に割裂する（供試体の上下面と加圧板の間にそれぞれ丸鋼を介して

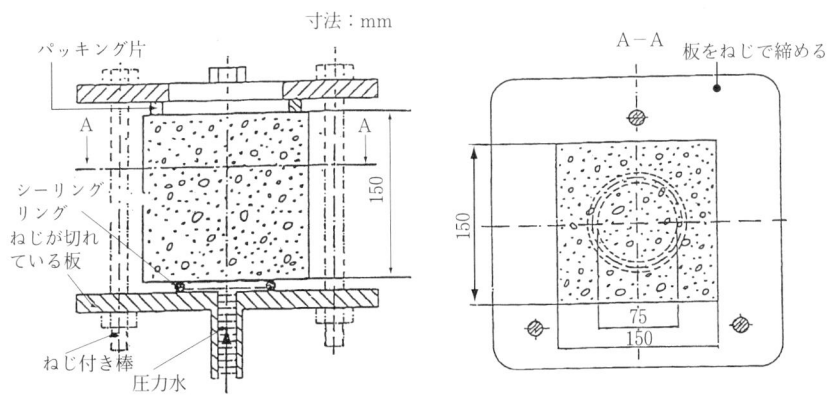

図-3.6　試験装置の例(ISO)

圧裂する），断面を乾かして，水の浸透部の境界を確認し，浸透深さの平均値の推定および最大浸透深さの測定を行い，最小5mmまで読む．なお，供試体の割裂時および浸透深さの測定時には，水圧を加えた面を下側とする．
⑤ 報告事項
　　　a．見掛け密度
　　　b．養生と貯蔵の条件
　　　c．供試体の形状と寸法
　　　d．試験時のコンクリート材齢
　　　e．試験に使用した水の種類
　　　f．試験室内の温度と相対湿度
　　　g．水圧を加えた方向（供試体の上面，下面または側面）
　　　h．水の浸透深さの推定平均値および最大値（個々の値ならびに平均値）
　　　i．規定の試験手順からの逸脱の有無

3. JIS A 1404「建築用セメント防水剤(1994)」に規定されている方法

(1) 概　　要

建築用のモルタル，またはコンクリートに混入する防水剤の防水効果を評価するための試験方法であって，乾燥状態の円板形供試体に所定の水圧を加えたときの圧入水量を水密性の尺度とするものである．

(2) 試験方法

① 試験試料は，セメント砂比1：3，フロー160±2のモルタルとし，防水剤を混入しないものと混入したものの2種とする．

② 供試体は，φ150×40mmの円板形とし，材齢2日で脱型，19日間温度20±3℃，湿度80％以上で湿気養生した後，約80℃で定質量となるまで乾燥し，試験に供する．

③ 水圧を加える面が直径50mmの円となるよう，ゴムパッキンを介して供試体を試験装置に設置する．モルタル用防水剤の場合は9.8KPa，コンクリート用防水剤の場合は294KPaの水圧を1時間加えた後，供試体の質量を測定する．

④ 試験前後の供試体の質量を用い，次式から透水量および透水比を計算する．

$$透水量(g) = W_2 - W_1$$

ここに,
　W_1：乾燥後室内で1時間保存した後の質量(g)
　W_2：所定水圧を所定時間加えた後の質量(g)

$$透水比 = \frac{防水剤を用いたときの透水量(g)}{防水剤を用いないときの透水量(g)}$$

3.4 毛管浸透試験方法

　コンクリート中の毛管浸透流の性状は，流れの方向によって相違する．第2章2.5に述べたように，コンクリートの毛管浸透性を表す物性値，最終浸透高さおよび毛管浸透係数は鉛直上向き毛管浸透試験の結果から得られるため，鉛直上向き毛管浸透試験方法が基本となる．

　国内では，いまだコンクリートの毛管浸透試験の標準試験方法は定められていない．国際的には，RILEM の試験方法暫定基準(recommendation)がある．

1. 鉛直上向き毛管浸透試験方法(越川・荻原の方法)[7]

(1) 概　　要

　乾燥した角柱供試体の側面を水に接して直立させ，吸引を開始する．適当な時間間隔で吸引高さの変化を測定するが，これを目視で確認することはできないので，接触型水分計を用いて行う．測定は，一般に経過時間48時間までとし，浸透高さ・時間曲線式を用い，最終浸透高さおよび毛管浸透係数を算定する．

(2) 試験方法

① 供試体は，粗骨材の最大寸法20 mm 以下のコンクリートに対し，断面100×100 mm，高さ200 mm 以上の角柱形とする．コンクリートは縦打ちとし，JIS A 1132に準じて打ち込む(一層の厚さを約100 mm，突き棒による突き数を約13回とする)．

② 供試体は，所定材齢(一般に7日)まで20℃の水中で養生した後，温度45

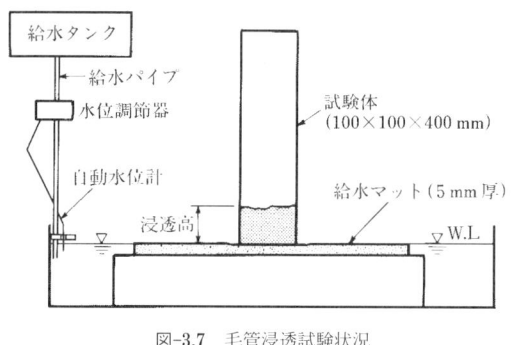

図-3.7 毛管浸透試験状況

℃,湿度35％の室内で14日間乾燥し,試験に供する.
③ 温度20℃,湿度50〜70％の恒温室内に水位計により定水位とした水槽を設置し,水面に一致させて吸水マットを敷き,その上に打ち込んだときの底面を下にして角柱供試体を直立させ,吸引を開始する(図-3.7参照).

経過時間3,6,9,24,30および48時間ごとに高周波水分計を用いて供試体の4面の中心線に沿って3〜5 mm間隔に含水率を測定し,時間ごとに4面の測定値の平均値を求め,浸透高さ,含水率曲線〔第2章2.4図-2.10(p.27)参照〕を描く.

高周波水分計は,水の誘電率がほかの物質に比べて格段に大きいことを利用したもので,測定最大深度30 mm,測定精度は設定最大含水率の1/50である.
④ 各経過時間における浸透高さ,含水率曲線について,図式または曲線式の仮定により,浸透高さの平均値$\bar{Z}$および最大値Z_uを求める.

次項に定める式(3.9)を用い,最小自乗法を適用して平均最終浸透高さ$\bar{Z}_e$および毛管浸透係数K_cならびに最終浸透高さの最大値Z_{eu},毛管浸透係数の最大値K_{cu}を算定する.

なお,吸引終了時に供試体をその軸を含む面で割裂し,目視により浸透高さを観測することができる.これは,前記の最終浸透高さの最大値Z_{eu}に相当する.
⑤ 最終浸透高さを実験によって求めることは可能であるが,図-3.8に示すように吸引開始後7日を経過しても,浸透高さは増加傾向を示す場合が多く,

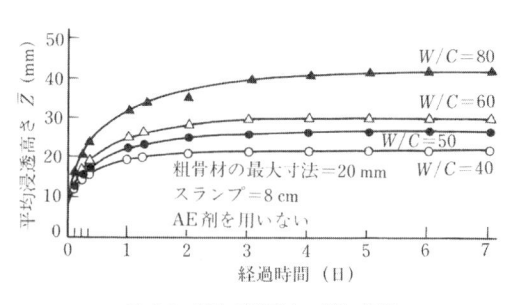

図-3.8 平均浸透高さの増加状況

最終値に達するまでに一般に 7～10 日を要する．そこで吸引開始後，連続して n 個の浸透高さ試験値を得て，それらの値を用い，次のように最終浸透高さおよび毛管浸透係数を算定している．すなわち，吸引開始後 i 番目の測定を時刻 t_i において行い，平均浸透高さの測定値を $\bar{Z}_i$ とすれば，差分化した浸透速度 U_i は次式で表される．

$$U_i = \frac{1}{2}\left\{\left(\frac{\bar{Z}_i - \bar{Z}_{i-1}}{t_i - t_{i-1}}\right) + \left(\frac{\bar{Z}_{i+1} - \bar{Z}_i}{t_{i+1} - t_i}\right)\right\} \qquad \cdots\cdots(3.8)$$

$i = 1, 2, \cdots, n-1$

第 2 章 2.5 に示した式(2.28)中の dz/dt に U_i を代入して，$(n-1)$ 個の連立式(3.9)を作り，最小自乗法を適用して平均最終浸透高さ $\bar{Z}_e$ および毛管浸透係数 K_c を求める．

$$\bar{Z}_e - \frac{1}{K_c}\bar{Z}_i U_i - \bar{Z}_i = 0 \qquad \cdots\cdots(3.9)$$

最終浸透高さの最大値 Z_{eu} および毛管浸透係数の最大値 K_{cu} を求める場合には，式(3.8)および式(3.9)において $\bar{Z}_i$ の代わりに Z_{iu} を用いればよい．

(3) 参考資料

鉛直上向き毛管浸透試験による平均最終浸透高さ，$\bar{Z}_e$ および毛管浸透係数 K_c と拡散係数 β_0^2 および透水係数 k との関係を図-**3.9** に示す．

供試体は，すべて材齢 7 日まで 20 ℃ の水中で養生した後，45 ℃，湿度 35 % で 14 日間乾燥し，試験に供した．

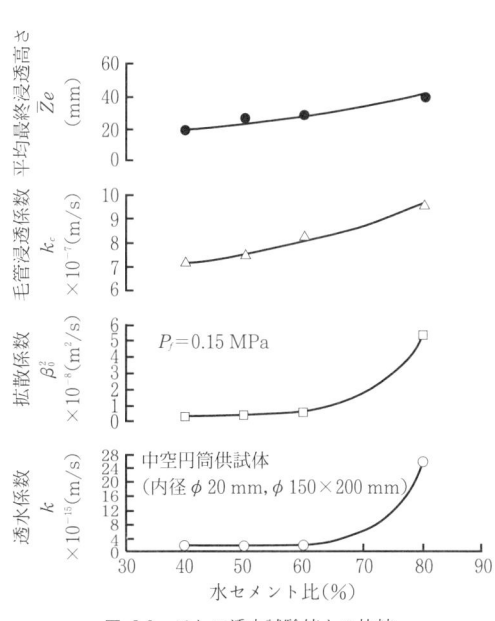

図-**3.9** ほかの透水試験値との比較

2. RELEM 暫定基準の方法（RELEM RECOMMENDATION PC 11.2 "ABSORPTION OF WATER BY CAPILLARITY" 1989）

(1) 概　要

構造物のコンクリートから切り出した角柱あるいはコア，または実験室で作製した供試体の鉛直上向き毛管浸透試験方法であって，吸引開始後 72 時間までの浸透水量および浸透高さによってコンクリートの毛管浸透性を評価する．

(2) 試験方法

① 供試体は，構造物のコンクリートから切り出したもの，または実験室で作製したものとし，その寸法は角柱の一辺または円柱の直径は 100 mm 以上，高さは一辺または直径の 2 倍以上とする．

② 供試体は，試験前 14 日間 40±5℃ で乾燥する．

③ 鉛直上向き毛管浸透試験において，吸引開始後 3，6，24 および 48 時間で，それぞれ供試体の質量を測定し，浸透水量の経時変化を求める．なお，浸透高さの外観観察を行い，浸透試験終了後，供試体をその軸を含む面で割裂し，浸透高さを確認する．

文　献

1) 吉越盛次：コンクリートの水密性試験方法に関する一考察，電力技術研究所報土木，第 2 巻：第 4 号
2) 村田二郎：中空円筒供試体を用いるコンクリートの透水試験方法，土木学会論文集，第 63 号，1959.11
3) 村田二郎：コンクリートの水密性の研究，土木学会論文集，第 77 号，1961.11
4) 村田二郎・越川茂雄・伊藤義也：コンクリートにおける加圧浸透流に関する研究，コンクリート工学論文集，Vol. 11, No. 1, 2000（Issue 22）
5) RILEM RECOMMENDATION CPC11.2 "ABSORPTION OF WATER BY CAPILLARITY" 1987
6) 伊藤義也・越川茂雄：加圧浸透試験に関する新測定法の提案，コンクリート工学年次論文報告集，Vol. 21, No. 2, 1999
7) 越川茂雄・荻原能男：コンクリートの毛管浸透試験方法に関する研究，土木学会論文集，第 426 号/V-14, 1991.2

第4章　各種要因がコンクリートの水密性に及ぼす影響

4.1 コンクリート材料の影響

4.1.1 セメントの種類および粉末度の影響

1.セメントの種類

　普通ポルトランドセメント，中庸熱ポルトランドセメント，早強ポルトランドセメント，シリカセメントA種，および高炉セメントB種の5種類のセメントを用いたコンクリートの拡散係数および圧縮強度を試験した結果を図-4.1[1])に示す．なお，表-4.1は，これらのセメントの密度およびブレーン比表面積である．
　コンクリートの配合は，最大寸法25 mm の粗骨材，AE減水剤を用い，スランプ約6.5 cm，空気量約5.4 % とし，単位水量が最小となるように定めた．したがって，水セメント比は46.1～51.2 % の範囲で若干変化している(図-4.1 参照).
　供試体の材齢は，14日，28日，3月および6月で，供試体の養生は約20℃の水中である．
　透水試験供試体は養生終了後，約25℃の室内で7日間乾燥し，試験水圧を0.98

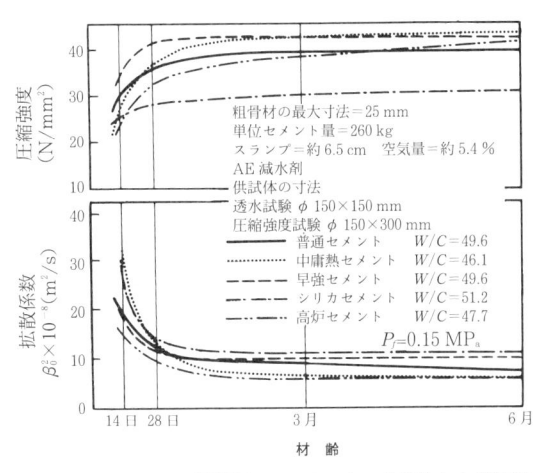

図-4.1 セメントの種類がコンクリートの水密性および圧縮強度に及ぼす影響

表-4.1 セメントの密度および粉末度

セメント	密度 (g/cm³)	ブレーン比表面積 (cm²/g)
普通ポルトランドセメント	3.15	2 980
中庸熱ポルトランドセメント	3.19	3 050
早強ポルトランドセメント	3.14	4 010
シリカセメント A種	3.05	4 040
高炉セメント B種	3.06	3 960

MPa および 1.96 MPa,試験時間を 48 時間として高圧浸透試験を行っている.

図-4.1 にセメントの種類とコンクリートの材齢に伴う水密性の増進状況は,高炉セメントの場合を除き,それぞれのセメントを用いたコンクリートの強度特性と類似の傾向を示している.すなわち,使用したセメントの種類によるコンクリートの水密性の差異は,初期材齢においては著しいが,材齢 28 日以後はその差異は少ない.たとえば,材齢 14 日においては,使用セメントの種類によるコンクリートの拡散係数は,16.6×10^{-8} m²/s(早強セメント)から 50×10^{-8} m²/s(中庸熱セメント)に変化し,その差は 33.4×10^{-8} m²/s であるが,28 日においては,13.1×10^{-8} m²/s から 16.1×10^{-8} m²/s,その差 3.0×10^{-8} m²/s にすぎない.これは,コンクリートの打込み後,1箇月程度以上湿潤養生が継続できる場合には,いずれのセメントを使用しても,コンクリートの水密性に大差ないので,水密コンクリートの施工にあたり,一般の場合,使用するセメントの選択について特別注意をはらう必要がないことを示している.

次に,高炉セメントを用いたコンクリートの初期強度は,ほかのセメントを用いた場合に比べ最も小さいにもかかわらず,水密性は初期材齢においても大となっている.かなり以前から,高い粉末度の高炉スラグを混和した高炉セメントモル

タルの内部組織は，ポルトランドセメント単独のモルタルより早期に緻密化され水密性も改善されることが明らかにされている[2]．

図-4.1の実験に用いた高炉セメント（スラグ混入率約50％）のブレーン比表面積は，表-4.1に示すように約4000 cm^2/gであるから，高炉スラグの粉末度は相当に高いものと思われる．

したがって，この高炉セメントが初期材齢においても，コンクリートの水密性に良い影響を与えたのはスラグの粉末度が相当に高いこと，また，高炉セメントの密度が小さいため，ほかのセメントを用いた場合よりコンクリート中の微粉分の容積が多くなることなどにもよるのであろう．

2. セメントの粉末度

表-4.2[1]は，同一ポルトランドセメントクリンカーを粉砕し，ブレーン比表面積が約2500 cm^2/g，約3000 cm^2/g，および約4000 cm^2/gの粉末度のみ相違する3種のセメントを特別に製造し，それらを用いたコンクリートの拡散係数および圧縮強度を比較したものである．

コンクリートは，粗骨材の最大寸法を25 mm，水セメント比を55％，スランプを約7 cmとし，供試体の材齢は28日および3月である．ただし，供試体の養生条件は，試験の材齢まで約20℃の水中とした場合と材齢7日まで約20℃の水中とし，以後試験の材齢まで約25℃の室内に静置したものの2種としている．

表-4.2から次のことがわかる．

① 試験の材齢まで水中養生した場合は，粉末度の高いセメントを用いたコンクリートの水密性は，初期材齢においては，粉末度の低いセメントを用いたものより相当大であるが，材齢に伴う水密性の増加割合は，粉末度の低いセメント

表-4.2 セメントの粉末度がコンクリートの水密性および圧縮強度に及ぼす影響

セメントのブレーン比表面積 (cm^2/g)	コンクリートの配合				水中養生材齢7日まで水中以後気中							
					28日		3月		28日		3月	
	単位セメント量 (kg/m^3)	単位水量 (kg/m^3)	水セメント比 (％)	細骨材率 (％)	拡散係数 $\beta_a^2 \times 10^{-8}$ (m^2/s)	圧縮強度 (N/mm^2)	拡散係数 $\beta_a^2 \times 10^{-8}$ (m^2/s)	圧縮強度 (N/mm^2)	拡散係数 $\beta_a^2 \times 10^{-8}$ (m^2/s)	圧縮強度 (N/mm^2)	拡散係数 $\beta_a^2 \times 10^{-8}$ (m^2/s)	圧縮強度 (N/mm^2)
2510	294	162	55	43	20.6	28.7	11.0	33.1	447	28.4	237	32.0
2990	291	160	55	42	14.5	32.8	8.7	38.3	70.4	33.7	96.3	36.8
3980	288	158	55	41	11.2	36.6	8.0	39.6	30.9	37.4	50.8	39.1
備考					試験水圧=1.96 MPa，試験時間=48 h				試験水圧=0.49 MPa，試験時間 24 h			

を用いた場合の方が大となっている．すなわち，ブレーン比表面積が約 2 500 cm²/g のセメントを用いたコンクリートの拡散係数は，ブレーン比表面積が約 4 000 cm²/g のセメントを用いた場合に比べ，材齢 28 日においては約 1.9 倍であるが，材齢 3 月では約 1.4 倍となっている．この関係は，セメントの粉末度とコンクリートの圧縮強度の増進状況と類似の関係を示すものである．

したがって，さらに長期間湿潤養生を継続すれば，T. C. Powers の粉末度の異なるセメントを用いたセメントペースト硬化体の透水試験結果[3] が示すように，使用セメントの粉末度が相違しても，長期におけるコンクリートの水密性はほぼ同等になると推察される．

② 材齢 7 日まで水中養生し，以後恒温室内に静置して気乾状態としたものは，水中養生を継続した場合に比べ，圧縮強度に大差はないが，拡散係数はすべての場合大幅に増大している．

たとえば，材齢 7 日まで水中養生し，以後材齢 28 日まで室内に静置した場合の拡散係数は，水中養生を継続した場合の約 2 倍（ブレーン比表面積約 4 000 cm²/g）ないし 1.7 倍（ブレーン比表面積約 2 500 cm²/g）となっている．初期養生の中断は，粉末度の低いセメントの水和進行にとくに悪影響を与えるので，上記の結果は当然と思われるが，一方，粉末度の高いセメントを用いた場合は，水中養生後，空中静置する期間が長いほど材齢に伴い水密性はかえって低下している．すなわち，材齢 3 月における拡散係数は，材齢 28 日における拡散係数に比べ，ブレーン比表面積が約 2 500 cm²/g のセメントを用いた場合は，約 1/2 となるが，ブレーン比表面積が約 3 000 cm²/g および約 4 000 cm²/g のセメントを用いた場合は，それぞれ約 1.4 倍および約 1.6 倍となっている．乾燥によるセメント硬化体の水密性の低下に対し，コンクリート中の間隙水の消失による空隙の実質的増加やセメント粒子周囲にくもの巣状に存在するゲルが乾燥収縮によって破壊され，水が通りやすくなることなどによると説明されている．

以上のことは，水密的なコンクリートを造るためには湿潤養生を継続することがきわめて大切であることを示すものであり，とくに市販のセメントのブレーン比表面積は，一般に 3 000 cm²/g 以上であるから，初期養生を確実に行っても，その後乾燥期間が長くなるほど水密性は低下することに注意しなければならない．

4.1.2 骨材の形状，寸法および種類の影響

1. 粗骨材の形状および寸法

表-4.3 は，骨材の形状がコンクリートの水密性に及ぼす影響を検討する一環として行った実験結果[1]であって，粗骨材として川砂利を用いた場合と砕石を用いた場合のコンクリートの拡散係数および圧縮強度を比較したものである．

実験に用いた砕石は，川砂利と同じ採取場から産出した玉石を破砕して製造したものであるから，川砂利と同品質のものである．いずれの粗骨材もあらかじめふるい分けたものを所定の割合に配合し，粒度を一定にして用いている．

コンクリートの配合は，粗骨材の最大寸法を 25 mm，単位セメント量を 300，280 および 260 kg/m³ とし，スランプを約 8 cm，AE 減水剤を用いたときの空気量を約 5 % とし，所要のワーカビリティーが得られる範囲内で単位水量が最小となるように定めている．その結果，表-4.3 に示すように砕石を用いた場合は，川砂利を用いた場合より単位水量が約 10 % 増加している．

なお，供試体の材齢は 28 日，透水試験における試験水圧は 1.96 MPa，試験時間は 48 時間である．

表-4.3 より，単位セメント量とワーカビリティーを同じくしたコンクリート

表-4.3 粗骨材の形状がコンクリートの水密性および圧縮強度に及ぼす影響

粗骨材	AE 減水剤	コンクリートの配合				拡散係数 $\beta_D^2 \times 10^{-8}$ (m²/s)	圧縮強度 (N/mm²)
		単位セメント量 (kg/m³)	単位水量 (kg/m³)	水セメント比 (%)	細骨材率 (%)		
川砂利	用いない	300	158 (1.00)	52.7	40	11.8	37.1
		280	159	56.8	41	16.3	32.9
		260	162	62.3	42.5	23.3	28.1
砕 石	用いない	300	174 (1.10)	58.0	45	18.0	36.5
		280	174	62.2	46	20.2	32.5
	リグニンスルホン酸塩	300	145 (0.92)	48.3	41.5	11.2	39.7
備 考		試験水圧＝1.96 MPa，試験時間＝48 h					

において，砕石を用いた場合は川砂利を用いた場合より水セメント比が約5%大となるが，粗骨材とモルタル間の付着が改善されるため圧縮強度に大差はない．しかし，コンクリートの水密性は水セメント比に依存するため，砕石を用いたコンクリートの水密性は砂利を用いた場合より低下し，その拡散係数は1.2～1.6倍となっている．砕石コンクリートにAE減水剤を適切に用いれば，そのワーカビリティーが著しく改善されることはいうまでもない．この実験では，AE減水剤を用いない川砂利コンクリートに比べ，単位水量は約8%減少し，単位セメント量 300 kg/m³ の比較的富配合のコンクリートにおいても，水密性は改善され，圧縮強度も増加することが認められる．スラグ骨材や砕砂を用いる場合も同様と考えられる．

次に，粗骨材の最大寸法の影響については，**4.2.2** で述べる．

2. 軽量骨材

軽量骨材は，一般に多孔質であるから，これを用いた軽量骨材コンクリートの水密性は，普通骨材コンクリートより劣ると考えられやすい．軽量骨材コンクリートの吸水性は，普通骨材コンクリートより明らかに大であるが，透水性は骨材の多孔性だけでなく，材料分離の影響も複雑に受けるので，一般に軽量骨材コンクリートの透水性は普通骨材コンクリートより小さい．

実験結果の例[4]を以下に示す．

試料は，普通骨材コンクリート(川砂利，川砂使用)，細粗骨材とも非造粒型膨張頁岩を用いた人工軽量骨材コンクリート，粗骨材のみ膨張頁岩を用いた人工軽量骨材コンクリート，ならびに参考として粗骨材に浅間火山礫を用いた天然軽量骨材コンクリート(昭和50年頃まで軽量RC建築構造に用いられていた)である．すべての粗骨材は，容積百分率による粒度が一定となるように再配合している．なお，川砂と軽量砂は容積百分率による粒度が近似している．

コンクリートの配合は，粗骨材の最大寸法を 20 mm，水セメント比を 40, 48, 56 および 64% とし，スランプを約 8 cm，AE剤は用いていない．

(1) 吸水性

ϕ 100×200 mm 円柱供試体を材齢28日まで水中養生した後，100～110°Cで定質量となるまで乾燥し，吸水率を求め，容積百分率で表示した(**表-4.4**).

4.1 コンクリート材料の影響

表-4.4 コンクリートの吸水率,圧縮強度および単位容積質量

骨　材		コンクリートの配合				吸水率容積百分率(%)	28日圧縮強度(N/mm^2)	単位容積質量(kg/ℓ)
粗骨材	細骨材	水セメント比(%)	単位セメント量(kg/m^3)	単位水量(kg/m^3)	細骨材率(%)			
川砂利 $\rho=2.62\ g/cm^3$	川 砂 $\rho=2.62\ g/cm^3$ $FM=2.80$	40 48 56 64	418 348 298 261	167 167 167 167	41 42.5 44 45	13.0 13.8 15.3 17.9 } 15.0 (1.00)	48.8 41.0 32.9 25.0	2.42 2.41 2.40 2.40 } 2.41 (1.00)
人工軽量 $\rho=1.22\ g/cm^3$ $W=5.6\%$	人工軽量 $\rho=1.93\ g/cm^3$ $FM=2.73$	40 48 56 64	535 434 373 327	213 208 209 209	39 40.7 42 43.5	21.0 22.4 22.9 25.8 } 23.0 (1.53)	44.8 38.0 28.9 23.6	1.70 1.64 1.63 1.67 } 1.66 (0.69)
人工軽量	川 砂	40 48 56 64	438 365 307 273	175 175 172 175	40.7 42.7 44 45	17.9 19.0 20.7 21.7 } 19.8 (1.32)	40.8 36.9 30.2 19.8	1.86 1.85 1.86 1.85 } 1.86 (0.77)
浅間火山礫 $\rho=1.25\ g/cm^3$ $W=45.0\%$		40 48 56 64	470 392 327 294	188 188 183 188	45 46.7 48 49.5	26.9 33.6 35.8 42.5 } 34.7 (2.31)	20.1 18.4 16.0 14.1	1.86 1.86 1.85 1.87 } 1.86 (0.77)

ρ：密度,W：吸水率
軽量骨材の吸水率は24時間吸水率である.軽量砂の粗粒率は,容積百分率表示による.

表-4.4に示すように,細粗骨材とも膨張頁岩を用いた人工軽量骨材コンクリートの吸水率は平均23.0%で,普通骨材コンクリートの約1.5倍であり,粗骨材のみ膨張頁岩を用いた場合でも約1.3倍となっており,軽量骨材コンクリートの吸水性は大きい.

(2) 透 水 性

図-4.2は,4種のコンクリートの材齢28日における高圧浸透試験の結果であって,試験水圧は0.98 MPa,試験時間は48時間である.図-4.2に示すように人工軽量骨材コンクリートの透水性は,吸水性と異なり,普通骨材コンクリートよりかなり小さい.細粗骨材とも人工軽量骨材を用いたコンクリートの拡散係数は,普通骨材コンクリートの約1/4となっている.

これは,同じスランプを得るために必要なセメントペースト量が軽量骨材コンクリートの場合は普通骨材コンクリートより約25%増すこと(表-4.4参照),図-4.3にその一例を示すように,軽量骨材コンクリートのブリーディングが少ないので,コンクリート中に連続した水みちが生じにくく,また,粗骨材の下側に品

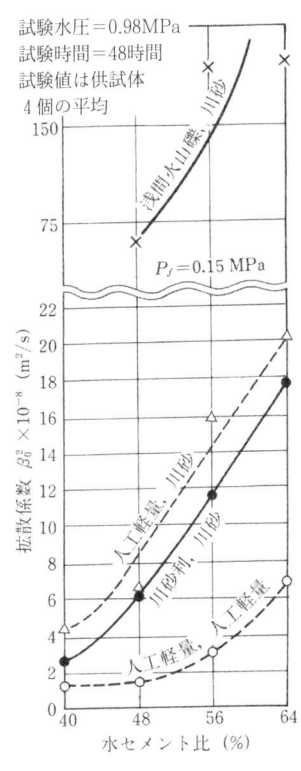

図-4.2 軽量骨材コンクリートの透水試験結果

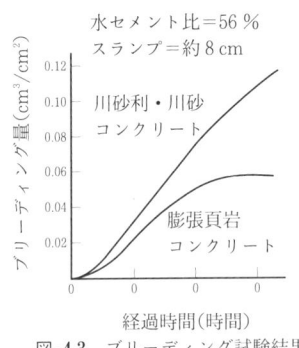

図-4.3 ブリーディング試験結果

質の悪い粗な部分ができにくいことなどによるのであろう．実部材においては，普通骨材コンクリートの材料分離の傾向が増すので，人工軽量骨材コンクリートの分離減少に起因する水密性の向上は，より顕著に現れる（**第5章参照**）．なお，粗骨材に浅間火山礫を用いた天然軽量骨材コンクリートの吸水率は，普通骨材コンクリートの約2.3倍，拡散係数は約20倍となっている．

4.1.3 化学混和剤の影響

1. AE剤，AE減水剤および高性能AE減水剤

土木学会コンクリート標準示方書には，水密コンクリートに対し，とくに防水剤の使用は規定せず，化学混和剤を使用したAEコンクリートとすることを推奨している．これは，エントレインドエアーによってコンクリートのワーカビリティーが著しく改善され，工事現場において部分的な欠点の少ない均等質なコンクリートが得られやすいことによる．

化学混和剤には，種々の品質，性能のものがある．化学混和剤として，AE剤

（アルキルスルホン酸塩），AE 減水剤（リグニンスルホン酸化合物とポリエーテルの複合体），高性能 AE 減水剤（ポリカルボン酸エーテル系と架橋ポリマーの複合体）を用いたコンクリートの低圧下および高圧下における水密性を浸透係数および拡散係数によって評価した結果[5]について述べる．

コンクリートの配合は，表-4.5 に示すように粗骨材の最大寸法 20 mm（砕石 2005），単位セメント量を 220，260，300 および 340 kg/m³ とし，スランプを約 10 cm，空気量を約 5 % として，所要のワーカビリティーが得られる範囲内で単位水量が最小となるように定めている．なお，比較のために同様な条件のプレーンコンクリートの配合も加えてある．

表-4.5 において，単位水量はプレーンコンクリートの 182 kg/m³(1.00) に対し，AE 剤を用いた場合は 162 kg/m³(0.89)，AE 減水剤を用いた場合は 153 kg/m³(0.84)，高性能 AE 減水剤を用いた場合は 136 kg/m³(0.75) に低減する．試験の材齢は 28 日とし，透水試験供試体の場合は，28 日水中養生後，14 日間，45℃，湿度 35 %，および 20℃，湿度 65 % の室内で乾燥し，低圧および高圧浸透試験を行っている．試験水圧は，低圧の場合 0.15 MPa，高圧の場合 0.98 MPa であり，試験時間は 48 時間である．

表-4.5 コンクリートの配合

混和剤の種類	水セメント比 (%)	細骨材率 (%)	単位量(kg/m³)				スランプ (cm)	空気量 (%)
			水	セメント	細骨材	粗骨材		
プレーン（用いない）	82.7	52.5	182	220	1 012	930	11.0	3.1
	70.0	50.0	182	260	948	963	12.0	1.8
	60.7	48.1	182	300	896	980	12.0	1.2
	53.5	46.7	182	340	854	990	12.0	1.2
AE 剤	73.6	47.7	162	220	901	1 003	10.5	5.2
	62.3	45.5	162	260	845	1 027	12.0	4.6
	54.0	43.8	162	300	798	1 040	12.5	5.0
	47.6	42.5	162	340	761	1 046	11.0	5.1
AE 減水剤	69.5	47.8	153	220	914	1 014	9.0	5.0
	58.8	45.7	153	260	859	1 036	9.0	5.2
	51.0	44.1	153	300	814	1 047	10.0	5.5
	45.0	42.9	153	340	778	1 050	9.0	5.0
高性能 AE 減水剤	61.8	46.3	136	220	906	1 067	9.0	4.5
	52.3	44.4	136	260	854	1 084	9.0	5.5
	45.3	43.0	136	300	813	1 094	9.0	5.6
	40.0	41.9	136	340	778	1 096	9.0	5.2

表-4.6 透水試験および圧縮強度試験結果

混和剤の種類	単位セメント量 (kg/m³)	水セメント比 (%)	透水試験結果				圧縮強度 (N/mm²)
			浸透係数$K \times 10^{-12}$ (m/s)		拡散係数$\beta_0^2 \times 10^{-8}$ (m²/s)		
			45℃乾燥	20℃乾燥	45℃乾燥	20℃乾燥	
プレーン (用いない)	220	82.7	52.6 (22.5)	14.2 (36.5)	193 (10.1)	66.6 (43.3)	15.3
	260	70.0	23.4 (38.1)	5.80 (28.6)	84.0 (28.1)	23.0 (29.3)	20.1
	300	60.7	13.1 (40.8)	0.76 (29.3)	55.6 (26.8)	12.7 (19.1)	22.4
	340	53.5	7.80 (41.0)	0.71 (42.6)	36.8 (45.5)	7.70 (15.0)	30.8
AE剤	220	73.6	30.8 (28.1)	8.41 (36.2)	77.5 (26.5)	15.1 (36.8)	21.1
	260	62.3	7.04 (48.7)	5.70 (42.1)	51.4 (13.2)	5.93 (30.0)	25.1
	300	54.0	2.62 (42.0)	0.41 (25.4)	48.1 (12.1)	4.58 (42.7)	30.8
	340	47.6	1.36 (27.4)	0.22 (19.4)	25.5 (20.5)	4.68 (25.3)	41.2
AE減水剤	220	69.5	21.0 (38.8)	4.80 (22.4)	66.2 (5.6)	8.18 (6.20)	23.4
	260	58.8	2.30 (24.1)	0.99 (36.4)	47.1 (13.4)	4.80 (3.5)	29.5
	300	51.0	1.19 (50.0)	0.26 (27.4)	42.0 (11.0)	4.17 (6.3)	37.2
	340	45.0	0.65 (33.6)	0.19 (35.9)	22.2 (14.6)	1.65 (52.3)	45.5
	AE剤の透水試験値に対する割合		1/1.47〜1/3.06 平均 1/2.2	1/1.16〜1/5.76 平均 1/2.6	1/1.09〜1/1.17 平均 1/1.1	1/1.10〜1/2.84 平均 1/1.8	—
高性能 AE減水剤	220	61.8	9.75 (35.8)	4.56 (41.0)	54.7 (14.4)	5.02 (12.6)	24.6
	260	52.3	1.57 (25.6)	0.70 (22.1)	40.8 (10.2)	4.74 (19.1)	35.4
	300	45.3	0.75 (35.5)	0.15 (19.5)	25.8 (9.4)	2.58 (17.4)	43.2
	340	40.0	1.01 (11.3)	0.10 (20.6)	18.1 (10.1)	1.49 (14.0)	58.5
	AE剤の透水試験値に対する割合		1/1.35〜1/4.48 平均 1/3.1	1/2.20〜1/8.14 平均 1/3.7	1/1.26〜1/1.86 平均 1/1.5	1/1.25〜1/3.14 平均 1/2.3	—
変動係数の最小値(%)			11.3		3.5		—
変動係数の最大値(%)			50.0		52.3		—
変動係数の平均値(%)			32.2		20.2		—

注) 透水試験の試験値は4本の平均値であり,( )内は変動係数(%)を示す

表-4.6は,試験結果を一覧にして示したものである.そして**図-4.4**は,単位セメント量と浸透係数の関係,**図-4.5**は単位セメント量と拡散係数の関係,**図-4.6**は単位セメント量と圧縮強度の関係を示している.これらの資料を注意深く検討すると次のことがわかる.

① 化学混和剤の使用により単位水量が減少し,水セメント比が低減するので,同じ単位セメント量に対するコンクリートの水密性は改善される.そしてこれらの改善効果は,単位セメント量が260 kg/m³程度以下の比較的貧配合のコンクリートにおいて顕著である.これらの実験結果を水セメント比で整理すると**図-4.7**および**図-4.8**のようになる.**図-4.7**は,水セメント比と浸透係数の

4.1 コンクリート材料の影響

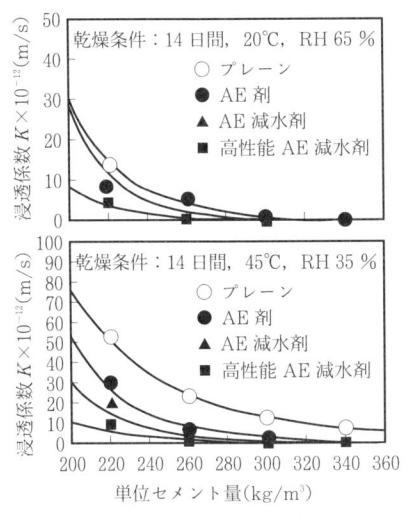

図-4.4 単位セメント量と浸透係数の関係

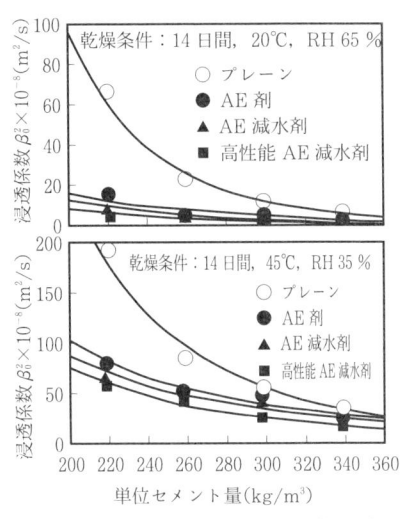

図-4.5 単位セメント量と拡散係数の関係

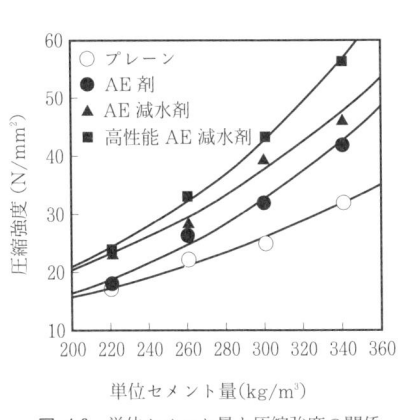

図-4.6 単位セメント量と圧縮強度の関係

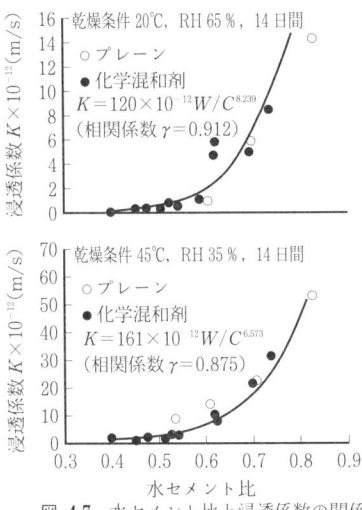

図-4.7 水セメント比と浸透係数の関係

関係，図-4.8 は，水セメント比と拡散係数の関係である．図-4.7 では明瞭ではないが，図-4.8 においては同じ水セメント比でも，プレーンコンクリートの拡散係数は AE コンクリートより大となっており，このような小形の供試体の場合でも，材料分離の影響が現れるのであって，寸法の大きい実部材では分

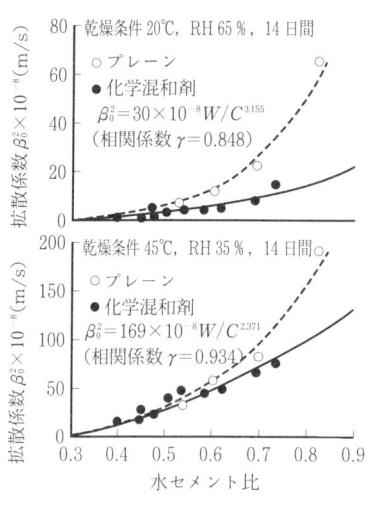

図-4.8 水セメント比と拡散係数の関係

(上図) 乾燥条件 20℃, RH 65%, 14日間
○ プレーン
● 化学混和剤
$\beta_0^2 = 30 \times 10^{-8} W/C^{3.155}$
(相関係数 $\gamma = 0.848$)

(下図) 乾燥条件 45℃, RH 35%, 14日間
○ プレーン
● 化学混和剤
$\beta_0^2 = 169 \times 10^{-8} W/C^{2.371}$
(相関係数 $\gamma = 0.934$)

離の影響は一層大となる(**第5章**参照).
したがって,水密コンクリートは,AEコンクリートとすることを原則としなければならない.

② 水密コンクリートには,AEコンクリートを用いることを前提として,各種化学混和剤がAEコンクリートの水密性に及ぼす影響を検討すると,**表-4.6**において,AE剤を用いた場合に比べ,AE減水剤および高性能AE減水剤を用いたコンクリートの浸透係数の割合を単位セメント量 220 kg/m³ から 340 kg/m³ における平均の値で示せば,供試体の乾燥温度が 45℃ の場合は,それぞれ 1/2.2 および 1/3.1,乾燥温度が 20℃ の場合は,1/2.6 および 1/3.7 である.これに対し,拡散係数の割合は,同様な表示方法で示すと,乾燥温度が 45℃ の場合は 1/1.1 および 1/1.5,乾燥温度が 20℃ の場合は 1/1.8 および 1/2.3 となっている.

以上のことは,分散性能の卓越した化学混和剤の使用がコンクリートの水密性の改善に有効であり,とくに 0.15 MPa(水頭約 15 m)以下の比較的低水圧の場合に有利であることを示している.

③ 単位セメント量と浸透係数の関係を示す**図-4.4**において,所要のワーカビリティーおよび浸透係数を有するコンクリートを得るために必要な単位セメント量は,たとえば浸透係数 $K = 5 \times 10^{-12}$ m/s に対し,AE剤,AE減水剤および高性能 AE 減水剤を用いた場合,それぞれ約 275 kg/m³,約 250 kg/m³ および約 230 kg/m³ となっており,これらは**図-4.6**に示す圧縮強度と単位セメント量の関係と同様である.すなわち,**図-4.6**より圧縮強度 27 MPa を得るために必要な単位セメント量は,それぞれ約 270 kg/m³,約 240 kg/m³ および約 230 kg/m³ である.

供試体の乾燥温度が 20℃ の場合も上記と同様な関係が認められる.また,単位セメント量と拡散係数の関係は,**図-4.5**において,たとえば拡散係数

$\beta_0^2 = 50 \times 10^{-8}$ m²/s(乾燥温度 45℃ の場合)を得るために必要な単位セメント量は，AE 剤，AE 減水剤および高性能 AE 減水剤を用いた場合，それぞれ約 270 kg/m³，約 260 kg/m³ および約 235 kg/m³ であって，これに対応する圧縮強度 27 MPa の場合とほぼ同様な関係を示している．

以上のことは，これらの化学混和剤を用い，所要のワーカビリティーおよび圧縮強度を有するコンクリートの配合を定めれば，それらのコンクリートの浸透係数および拡散係数はほぼ同等となることを示すものである．この場合の浸透係数および拡散係数の値は，図-4.7 または図-4.8 から推定される．なお，図-4.7 および図-4.8 に示されている水セメント比と浸透係数および拡散係数の関係は次式で表わされる．

浸透係数 K

$\quad\quad$ 45℃ 乾燥 $\quad K = 161 \times 10^{-12}(W/C)^{6.57}$ $\quad\quad\quad\quad$……(4.1)

$\quad\quad$ 20℃ 乾燥 $\quad K = 120 \times 10^{-12}(W/C)^{8.24}$ $\quad\quad\quad\quad$……(4.2)

拡散係数 β_0^2

$\quad\quad$ 45℃ 乾燥 $\quad \beta_0^2 = 169 \times 10^{-8}(W/C)^{2.37}$ $\quad\quad\quad\quad$……(4.3)

$\quad\quad$ 20℃ 乾燥 $\quad \beta_0^2 = 30 \times 10^{-8}(W/C)^{3.16}$ $\quad\quad\quad\quad$……(4.4)

これらのことは，水密コンクリートの配合設計法の基礎としてきわめて重要である．

2. 特殊な化学混和剤

グリコールエーテル系誘導体とアミノアルコールエーテル系誘導体を主成分とし，コンクリートの乾燥収縮の低減，中性化の抑制，凍結融解抵抗性の改善，水密性の向上などの諸機能を併せもつので，耐久性向上剤とも呼ばれている．

グリコールエーテル系誘導体は，強い消泡作用をもつため，コンクリート中の空気を追い出して緻密化し，コンクリートの水密性を増大する．また，これは難溶性であるが，1％程度は水に溶け，空隙中の水の表面張力を低下させ，毛管張力に起因する乾燥収縮を低減する．前記のように，グリコールエーテル系誘導体は，フレッシュコンクリート中で消泡作用を呈するので，AE 剤を用いてもエントレインドエアーを連行しない．しかし，フレッシュ時に独立した微細な油滴として存在するグリコールエーテル系誘導体は，水和の進行に伴って生じた毛細管

内に次第に吸引され,もとの油滴部分が微細気泡(約 150 μm 以下)となり硬化コンクリート中に残存し,凍結融解抵抗性を改善する.

次に,アミノアルコールエーテル系誘導体は,陰イオンを吸着する性質をもっているので,コンクリート中に浸透した炭酸ガスや塩化物イオンを吸着する.

表-4.7[6] に耐久性向上剤を用いたコンクリートの透水試験の結果の例を示す.コンクリートの配合は,粗骨材の最大寸法を 20 mm,単位セメント量を約 320 kg/m^3,スランプを約 18 cm としたものである.供試体は,材齢 28 日まで標準水中養生をした後,20℃,湿度 60%の室内で 28 日間乾燥し,試験に供している.透水試験は,試験水圧を 1.96 MPa,試験時間を 48 時間とした高圧浸透試験である.

表-4.7 において,耐久性向上剤を用いたコンクリートの拡散係数は,たとえば通常の AE 減水剤を用いた場合の約 1/2 に低減しており,水密性の改善が認められる.ただし,耐久性向上剤は使用量も多いので,使用にあたっては経済性などについても十分検討する必要がある.

表-4.7 耐久性向上剤を用いたコンクリートの透水試験結果

化学混和剤		コンクリートの配合				スランプ (cm)	拡散係数 $\beta_0^2 \times 10^{-8}$ (m^2/s)
種類	kg/m^3	単位セメント (kg/m^3)	単位水量 (kg/m^3)	水セメント比 (%)	細骨材率 (%)		
用いない		320	196	61.2	46.0	18.0	16.8
AE 減水剤	0.6	315	173	54.9	43.9	18.5	10.4
高性能 AE 減水剤	4.8	318	174	54.7	45.9	18.3	8.83
耐久性向上剤	10	321	196	61.1	46.0	17.8	5.58
高性能 AE 減水剤＋耐久性向上剤	4.8 10	320	175	54.7	45.9	18.9	3.43

4.1.4 主な混和材の影響

1. フライアッシュ

(1) 数種のフライアッシュを用いたコンクリートの水密性

表-4.8 は,5 種類のフライアッシュを用いたコンクリートの透水試験結果であ

る[7]．また，この実験に用いたフライアッシュ試料の密度，粉末度および粒子形状が表-4.9 に示されている．

粒子形状は，それぞれ約 2 000 個の粒子を顕微鏡観察により，球形，だ円形，不定形に区分したものである．

コンクリートは，粗骨材の最大寸法 30 mm，単位結合材量 $(C+F)$ 234 kg/m³，フライアッシュ代替率 $\{F/(C+F)\}$ 30 %，スランプ約 7 cm である．

表-4.8 フライアッシュを用いたコンクリートの透水試験結果

フライアッシュ	コンクリートの配合					耐透性指数 K_0		
	単位セメント量 C (kg/m³)	単位フライアッシュ量 F (kg/m³)	単位水量 W (kg/m³)	水結合材比 $\dfrac{W}{C+F}$ (%)	細骨材率 s/a (%)	上	中	下
F-32	164	70	156	66.7	46.0	2.55	3.84	4.84
F-35	164	70	158	67.5	46.1	3.23	3.53	3.75
F-36	164	70	160	68.4	46.0	3.32	3.79	3.91
F-37	164	70	158	67.5	46.1	3.10	3.36	4.75
F-38	164	70	155	66.2	45.8	2.23	3.28	4.36
用いない	234	0	164	70.0	45.5	3.91	4.68	5.02

単位結合材料 $(C+F)=234$ (kg/m³)，フライアッシュ代替率 $[F/(C+F)]=30\%$

表-4.9 フライアッシュ試料の密度，粉末度および粒子形状

フライアッシュ	密度 (g/cm³)	ブレーン比表面積 (cm²/g)	粒子形状（球形およびだ円形粒子の含有率）(%)					
			40μm以下			15μm以下		
			球形	だ円形	計	球形	だ円形	計
F-32	2.08	3 340	36.5	24.3	60.8	51.7	20.1	71.8
F-35	2.17	3 600	51.7	19.6	71.3	66.3	15.5	81.8
F-36	2.18	3 620	34.3	21.1	55.4	56.7	16.0	72.7
F-37	2.11	2 910	52.0	14.7	66.7	55.4	19.4	74.8
F-38	2.41	3 390	56.6	15.1	71.7	78.0	11.2	89.2

透水試験供試体は，図-4.9 に示すように断面 150×150 mm，高さ 600 mm の角柱供試体の上，中，下部から切断した 150×150×150 mm の立方形であって，材齢 28 日まで約 20℃ の水中で養生した後，水圧方向をコンクリートの打込み方向に一致させて，アウトプット方法によって試験を行っている．試験水圧は 0.78 MPa である．

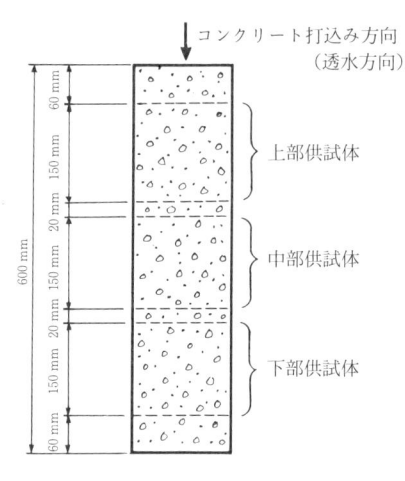

図-4.9 透水試験用供試体

透水試験値は，表-4.8 に示すように耐透水指数 K_0 で表現している．耐透水指数は次式で表される．

$$K_0 = -\log_{10} k \quad \cdots\cdots(4.5)$$

ここに，

K_0：耐透水指数

k　：透水係数（表-4.8 の K_0 の値は，k の単位が cm/s の場合である．k の単位を m/s とする場合は，K_0 の値に $2\log_{10}10 = 2.00$ を加えればよい）

表-4.8 において，材齢 28 日におけるフライアッシュコンクリートの水密性は，全般的にプレーンコンクリートより低下しているが，これはフライアッシュのポゾラン反応から当然の結果である．ただし，柱状供試体の下部と上部の耐透水指数の差に注目すると，プレーンコンクリートで，5.02−3.91=1.11 であるのに対し，F-38 を用いた場合は，4.36−2.23=2.13 となっている．表-4.9 で F-38 は粒形が良好で，とくに微細粒における球形粒子が非常に多く，所要のワーカビリティーのコンクリートを得るための単位水量も最小となっているのに，予想に反して上部のコンクリートの水密性の低下が著しいのはなぜであろうか．

これらのフライアッシュコンクリートのブリーディング試験結果(図-4.10)をみると，F-38 を用いたコンクリートのブリーディング率が最大となっている．

以上の一連の実験の結果に対し，山崎は次のようなコメントを与えている．粒形の良いフライアッシュをセメントの一部に置き換えると，コンクリートの単位水量は相当に低減

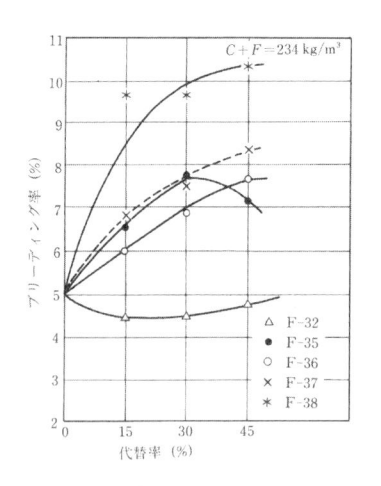

図-4.10　各種フライアッシュのセメントに対する代替率とブリーディングとの関係

するが，微粉の少ない貧配合コンクリートの場合には，かえってブリーティングが多くなる場合がある．その結果，上層部のコンクリートの水密性が下層部に比べて大幅に低下し，ブリーディングの水みちによる管状の細隙は，材齢を経ても，閉じにくいので，フライアッシュのポゾラン効果による長期材齢の水密性の改善はあまり期待できない．これらのことは，コンクリートの水密性は水セメント比だけでなく，ブリーディングに深い関係があることを示している．

上記の貧配合コンクリートに関する実験に対し，図-4.11（詳細は 4.1.4 の 3. 参照）は単位結合材量 $(C+F)=300\,\mathrm{kg/m^3}$，水結合材比 $(W/C+F)=55\,\%$ の比較的富配合のコンクリートに関する実験結果である．

供試体は，$\phi 150\times 150\,\mathrm{mm}$ 円柱形の上下端部 10 mm をカッターで切断し，$\phi 150\times 130\,\mathrm{mm}$ に仕上げたもので所定の材齢まで 20℃ の水中で養生し，20℃ 湿度 60 % の室内で 28 日間自然乾燥した後，試験水圧 0.49 MPa，試験時間を 7 日間として高圧浸透試験を行ったものである．

ただし，試験結果は，平均浸透深さ比で表している．すなわち，プレーンコンクリートの平均浸透深さに対する比であって，たとえばフライアッシュ代替率＝20 % の場合，材齢 2 週においては約 2.7 であるが，材齢 28 日では約 1.2，材齢

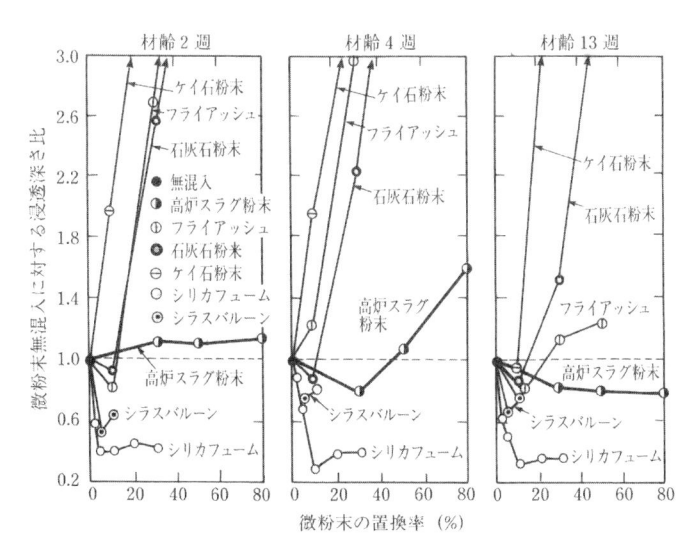

図-4.11　各種微粉末の置換率と浸透深さ比との関係

3月では約0.7となり(拡散係数比で表す場合,平均浸透深さ比の値を二乗すればよい),フライアッシュのポゾラン効果による長期材齢の水密性の改善が認められる.

(2) マスコンクリートにおけるフライアッシュの有効性

マスコンクリートにおけるフライアッシュの有効性を確かめるための実験が行われている[1].すなわち,**表-4.10**は中庸熱セメントを用い粗骨材の最大寸法100

表-4.10 マスコンクリートの

粗骨材の最大寸法を100 mmとしたマスコンクリートの配合					材齢28日			
単位量(セメント+フライアッシュ)(kg/m³)	フライアッシュ代替率(%)	単位水量(kg/m³)	水結合材比(%)	細骨材率(%)	拡散係数 $\beta_{cp}^{w} \times 10^{-8}$ (m²/s)			圧縮強度(N/mm²)
					粗骨材の最大寸法を100 mmとしたもの	40 mm以上の粒をふるい去ったもの	25 mm以上の粒をふるい去ったもの	
170	0	97	57.1	28	—	—	—	—
150	0	93	62.1	29	—	—	—	—
170	0	90	52.9	28	976, 282, —, 461, 169 } 472	58.1, 23.5, 22.0, 16.8, 21.8 } 28.5	12.1, 13.7, 10.1, 18.6, 9.8 } 12.8	29.3
170	20	81	47.6	26.5	328, 1067, 791, 428 } 653	66.1, 67.8, 38.6, 78.8 } 62.8	10.7, 23.0, 18.5, 20.6 } 18.2	26.5
170	40	76	44.7	26	6600, —, 1910, 3053, 1865 } 3357	120, 44.5, 332, 178, 176 } 170		17.9

透水試験供試体は,粗骨材の最大寸法を100 mm,40 mmおよび25 mmとした場合,それぞれ試験水圧は,粗骨材の最大寸法を100 mmとした場合,0.49 MPa,40 mmおよび25 mmとした場合,圧縮強度試験は,40 mm以上の粒をふるい去ったものについて行い,その試験値は,供試体3〜4個の

4.1 コンクリート材料の影響

mm，スランプ約 3 cm，AE 減水剤を用いて空気量を約 3％としたマスコンクリートにおいて，フライアッシュ代替率を 0，20，および 40％ の圧縮強度および水密性の増進状況を比較したものである．供試体の材齢は，28 日，3 月および 1 年とし，供試体の養生は約 20℃ の水中としている．

透水試験は，高圧浸透試験であって，供試体の寸法，試験水圧，および試験時間などは，**表-4.10** に注記されている．なお，最大寸法 100 mm のコンクリート

水密性および圧縮強度

材齢 3 月				材齢 1 年			
拡散係数 $\beta_{D}^{2a} \times 10^{-8}$ (m²/s)			圧縮強度 (N/mm²)	拡散係数 $\beta_{D}^{2a} \times 10^{-8}$ (m²/s)			圧縮強度 (N/mm²)
粗骨材の最大寸法を 100 mm としたもの	40 mm 以上の粒をふるい去ったもの	25 mm 以上の粒をふるい去ったもの		粗骨材の最大寸法を 100 mm としたもの	40 mm 以上の粒をふるい去ったもの	25 mm 以上の粒をふるい去ったもの	
1.77 688 108 }227 259 100	35.6 43.1 42.4 }38.6 27.5 44.7	10.8 14.3 10.6 }12.5 — 14.5	30.8	150 122 84.3 }114 103 —	17.7 17.2 16.1 }17.4 18.7 —	10.6 15.1 6.0 }11.2 11.7 12.6	33.6
222 1 921 317 }994 1 516 —	74.3 99.7 47.9 }76.4 128 32.2	20.6 26.5 21.8 }26.8 31.2 34.0	28.4	629 83.5 623 }401 160 514	— 20.8 53.4 }47.6 58.4 57.8	9.2 15.7 24.7 }17.4 21.7 15.7	30.2
112 450 114 }190 132 144	23.7 8.7 45.5 }20.6 13.6 11.6	15.7 8.3 12.2 }10.6 8.3 8.1	37.1	157 175 150 }167 172 183	— 9.2 17.2 }16.0 18.3 19.3	7.6 5.6 10.8 }8.6 11.5 7.8	39.2
221 401 51.5 }305 186 668	35.6 15.8 15.3 }18.5 14.3 11.6	12.7 6.8 10.6 }9.1 10.0 5.3	38.9	80.8 71.4 160 }107 45.5 180	13.7 4.5 15.1 }10.0 8.0 8.7	4.1 3.0 5.3 }3.5 3.0 2.2	43.5
161 227 320 }189 126 113	18.0 16.5 29.4 }19.5 20.1 13.8	13.5 10.8 9.2 }10.4 9.6 9.1	34.7	— 34.8 58.4 }40.3 35.9 32.3	4.3 6.5 3.7 }4.9 4.5 5.8	3.7 3.5 2.5 }3.0 — 2.6	44.3

ϕ 300×300 mm，ϕ 200×200 mm および ϕ 150×150 mm とした．
0.98〜1.96 MPa とし，試験時間は 24〜48 時間とした．
試験値の平均値とした．

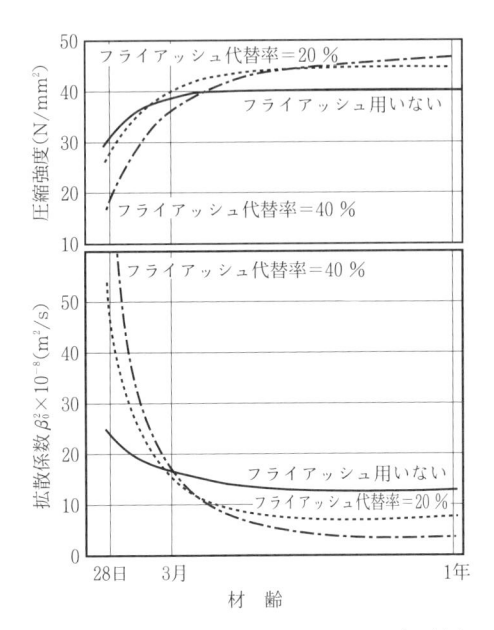

第4章 各種要因がコンクリートの水密性に及ぼす影響

図-4.12 マスコンクリートから40 mm以上の粒をふるい去ったコンクリートの拡散係数および圧縮強度

の透水試験値は，一般にばらつきが大きくなるので，40 mmふるいおよび25 mmふるいでウェットスクリーンしたコンクリートについても試験を行っている．

表-4.10において，セメントの20％および40％をフライアッシュで置き換えた場合のコンクリートの水密性は，初期材齢においてはほぼ同等となり，材齢1年においてはフライアッシュの使用量が多いほど大となることが示されている．すなわち，マスコンクリートから40 mm以上の粒をふるい去ったコンクリートについて述べれば，図-4.12に示すように，セメントの20％および40％をフライアッシュで置き換えた場合の拡散係数は，フライアッシュを用いない場合に比べ，材齢28日においてはそれぞれ約2.2倍および約6倍であるが，材齢1年においてはそれぞれ約0.6倍および約0.3倍となっている．この関係は，フルサイズのマスコンクリートにおいても，25 mm以上の粒をふるい去ったコンクリートについても大体同様である．これは，マスコンクリートのように十分な養生が期待できる場合に，良質のフライアッシュを適当量用いることは，コンクリートの温度上昇の低減および長期強度の増進のみでなく，長期における水密性を増すためにも有効である．とくにマッシブな水理構造物の場合，フライアッシュの有効性が顕著となる．

(3) フライアッシュの多量使用の影響[8]

高性能減水剤を用いて低水セメント比としたコンクリートにおいて，フライアッシュ代替率を50％および70％とした場合の水密性について述べている．

4.1 コンクリート材料の影響

① フライアッシュ試料とコンクリートの配合

実験に用いたフライアッシュは，米国規格（ASTM C‒618 のクラス C）に適合するもので，その化学成分および物理的性質は，それぞれ表-4.11 および表-4.12 に示すとおりである．

コンクリートの配合は，粗骨材の最大寸法を 25 mm とし，プレーンコンクリートの場合の設計強度を 41 N/mm^2 として，水セメント比を 0.35±0.02 とし，高性能減水剤および AE 剤を用い，スランプを約 12 cm，空気量を約 6％ とした．フライアッシュ 代替率 50％ および 70％ の場合を含め，コンクリートの配合を表-4.13 に示す．

表-4.11 フライアッシュの化学成分（％）

化学成分	試料	ASTM C-618
SiO_2	30.5	—
Al_2O_3	17.2	—
Fe_2O_3	5.5	—
合計 SiO_2＋Al_2O_3＋Fe_2O_3	53.1	最小 50.0
SO_3	—	最大 5.0
CaO	28.6	—
MgO	4.7	最大 5.0
TiO_2	1.6	—
K_2O	0.4	—
Na_2O	2.0	最大 1.5
水分量	0.1	最大 3.0
Ig.loss	0.3	最大 6.0

表-4.12 フライアッシュの物理的性質

物 理 試 験	試 料	ASTM C-618
No.235 ふるいにとどまる粒子（％）	18.6	最大 34
セメント中のポラゾン活性度（制御の％）	105	最小 75
必要水量（制御の％）	90.4	最大 105
オートクレーブ膨張（％）	＋0.02	最大 ＋0.8
密度（g/cm^3）	2.78	—

表-4.13 コンクリートの配合

フライアッシュ代替率（％）	セメント	フライアッシュ	水	水結合材比（％）	細骨材	粗骨材	スランプ（cm）	空気量（％）
0	375	0	141	36	716	1 235	12	6.3
50	181	227	136	33	659	1 146	11	7.0
70	107	308	153	37	643	1 114	12	6.4

注）粗骨材の最大寸法 25 mm（砕石），高性能減水剤，AE 剤使用
単位量（kg/m^3）

② 透水試験の方法と結果

供試体は，300×300 mm，厚さ 100 mm の板であって，所定の材齢まで 20 ℃ で湿潤養生する．透水試験の方法は，供試体上面の 5 箇所にドリルで直径 10 mm，深さ 40 mm の孔を開け，ポリエチレンで栓をし，シリコンでシールして密閉する．

水 100 mℓ が針を通してコンクリートに加えられ，それから 0.02 mℓ が吸収されるまでの時間(s)を透水値とする．

透水試験結果は，図-4.13 に示すように材齢 91 日まで湿潤養生を継続した場合，フライアッシュ代替率 50 ％ の水密性が最も優れている．すなわち，フライアッシュ代替率 0 ％ および 70 ％ の場合の透水値が約 600〜800 s であるのに対し，フライアッシュ代替率 50 ％ のコンクリートの透水値は約 1 500 s となっている．この場合，試験値の変動係数は 13.5〜19.5 ％ であった．

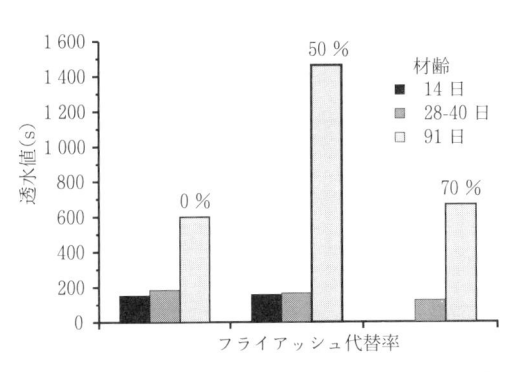

図-4.13 コンクリートの透水性へのフライアッシュ添加の影響

透水試験方法がやや特殊であるため，試験結果を客観的に評価できるように表-4.14 が準備されている．表-4.14 によれば，クラス C に適合するフライアッシュの場合，十分に養生したフライアッシュ代替率 50 ％ のコンクリートの水密性はコンクリートカテゴリー 4 に属し，『優秀』で，ポリマーコンクリートに相当する．

表-4.14 代表的な透水試験結果

コンクリートカテゴリー	保護的な品質	時　間 (s)	代表的な材料
0	劣　等	< 40	モルタル
1	普　通	40 − 100	20 MPa コンクリート
2	適　正	100 − 200	40 MPa コンクリート
3	良　い	200 −1 000	60 MPa コンクリート
4	優　秀	> 1 000	ポリマーコンクリート

2. 高炉スラグ微粉末

　セメントの一部を高炉スラグ微粉末で置き換えると，その潜在水硬性によって長期におけるコンクリートの諸性質が改善されることは周知のとおりであるが，**4.1.1**に述べたように，粉末度の高い高炉スラグ粉末を混入したモルタル硬化体は緻密化されるので，コンクリートの水密性は初期材齢においても大となることが認められている．そこで，ここでは高炉スラグの粉末度，置換率および材齢に注目し，これらがコンクリートの水密性に及ぼす影響を確かめるために行った実験例を示す．

　高炉スラグ微粉末試料は，粉末度4 000および6 000のもので，それらの物理的性質および化学成分を**表-4.15**に示す．セメントの30〜70％をこれらの高炉スラグ微粉末で置き換えたコンクリート，すなわち，粗骨材の最大寸法を20 mm，単位結合材量$(C+B \cdot S)$を260，300および340 kg/m³，高炉スラグ微粉末の代替率$\{B \cdot S/(C+B \cdot S)\}$を30，50および70％とし，スランプ約12 cm，AE減水剤を用い空気量約6％としたコンクリートについて，高圧浸透試験および圧縮強度試験を行った．透水試験供試体は，材齢14日，28日および3月まで20℃の水中で養生した後，7日間，20℃，湿度65％の室内で乾燥した．高圧浸透試験における水圧は1.47 MPa，試験時間は48時間として，試験結果は**表-4.16**に示されている．

　高炉スラグ微粉末の混入がコンクリートの水密性に及ぼす影響は，スラグによる緻密化とスラグの潜在水硬性に依存し，前者は初期材齢から発現するが，後者は28日以降の長期材齢において顕著となる．

　表-4.16によれば，高炉スラグ微粉末を混入したコンクリートの水密性は，無混入のものに比べ，湿潤養生が継続されれば材齢28日以前においては同等，またはそれ以上長期材齢においては相当に改善され，前節に述べたフライアッシュ

表-4.15 高炉スラグ微粉末の物理的性質および化学成分

高炉スラグ微粉末の種別	密度 (g/cm³)	ブレーン比表面積 (cm²/g)	化学成分(%)						
			CaO	SiO$_2$	Al$_2$O$_3$	MgO	TiO$_2$	T-S	塩基度
4 000	2.92	4 410	43.06	31.99	14.76	5.32	1.23	0.95	1.97
6 000	2.92	5 620	43.04	32.28	14.76	5.05	1.17	0.96	1.95

第4章 各種要因がコンクリートの水密性に及ぼす影響

表-4.16 高炉スラグ微粉末を混入したコンクリートの拡散係数および圧縮強度

高炉スラグ微粉末の区分	コンクリートの配合					拡散係数 $\beta_D^2 \times 10^{-8}$ (m^2/s)			圧縮強度 (N/mm²)			
	単位結合材料 (kg/m³)	高炉スラグ代替率 $\frac{B \cdot S}{C+B \cdot S}$ (%)	単位水量 W (kg/m³)	水結合材率 $\frac{W}{C+B \cdot S}$ (%)	細骨材率 s/a (%)	材齢 14日	材齢 28日	材齢 3月	材齢 7日	材齢 14日	材齢 28日	材齢 3月
用いない	260	0	148	56.9	45.2	6.98	5.68	3.85	21.56	29.99	34.01	39.00
	300	0	148	49.3	43.7	5.89 (1.00)	3.79 (1.00)	3.11 (1.00)	28.71 (1.00)	32.83 (1.00)	42.43 (1.00)	50.08 (1.00)
	340	0	148	43.5	42.5	4.63	2.63	2.56	32.24	41.55	50.96	54.98
4 000	260	50	142	54.6	44.9	9.92	4.70	3.06	14.50	25.09	35.48	39.98
	300	30	145 (0.98)	48.3	42.5	4.75 (0.81)	3.85 (1.02)	3.11 (1.00)	27.44 (0.96)	35.97 (1.10)	44.39 (1.05)	51.25 (1.02)
	300	50	142 (0.96)	47.3	42.3	6.38 (1.08)	3.74 (0.99)	2.49 (0.80)	26.26 (0.91)	31.56 (0.96)	40.18 (0.95)	42.43 (0.85)
	300	70	139 (0.94)	46.3	42.1	9.11 (1.55)	3.77 (0.99)	1.73 (0.55)	16.17 (0.56)	25.28 (0.77)	39.89 (0.94)	42.63 (0.85)
	340	50	142	41.8	41.2	4.97	2.50	1.99	22.15	33.16	49.98	53.80
6 000	260	50	140	53.8	43.6	10.38	5.09	3.33	20.48	30.77	39.79	41.85
	300	30	143 (0.97)	47.7	42.4	4.57 (0.77)	4.52 (1.19)	3.13 (1.00)	30.77 (1.07)	41.45 (1.26)	44.98 (1.06)	52.63 (1.05)
	300	50	142 (0.96)	47.3	42.5	3.39 (0.58)	3.25 (0.86)	1.88 (0.60)	38.02 (1.32)	40.38 (1.23)	41.26 (0.97)	48.12 (0.96)
	300	70	137 (0.93)	45.7	42.0	4.22 (0.72)	3.39 (0.89)	1.10 (0.35)	24.99 (0.87)	33.61 (1.02)	40.28 (0.95)	49.00 (0.98)
	340	50	140	41.2	41.1	3.13	2.20	1.59	35.08	40.87	52.33	64.97

コンクリートの材齢に伴う水密性の増進パターン,すなわち初期に低く,長期材齢で改善されるものとは明らかに相違する.

図-4.14 は,単位結合材量 $C+B \cdot S=300\ kg/m^3$ の場合の高炉スラグの微粉末の代替率と拡散係数の関係を示したものである.粉末度4 000の高炉スラグ微粉

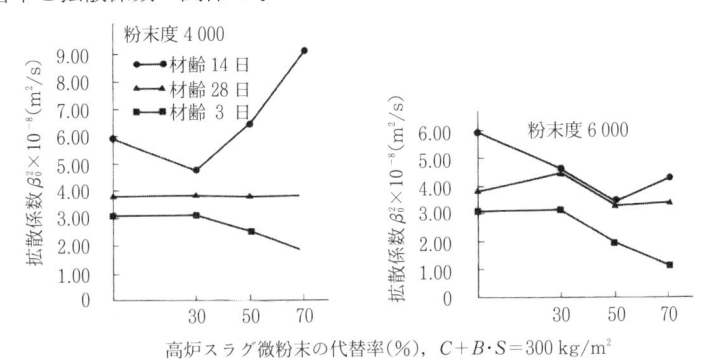

図-4.14 高炉スラグ微粉末の粉末度および代替率と拡散係数の関係

末を用いた場合は，材齢28日以前ではスラグ微粉末の代替率にかかわらず無混入の場合の拡散係数と同等であって，その拡散係数比は0.81〜1.55，平均1.03となっている．しかし，材齢3月においては，スラグの潜在水硬性が有効に働き，無混入に対する拡散係数比は代替率50％の場合約0.8，代替率70％の場合は約1/2に低減する．これに対し，粉末度6 000の高炉スラグ微粉末を用いた場合は，粉末度4 000の場合と類似の関係を示すが，緻密化作用および潜在水硬性ともに，より効果的であって，材齢28日以前においてはスラグ微粉末の代替率にかかわらず無混入の場合の拡散係数の0.77〜1.19，平均1.00，材齢3月においては，代替率50％の場合，拡散係数は約0.6に，代替率70％の場合は約1/3に減少することが示されている．

なお，前掲の図-4.11(p.69)に(4.1.4の3.参照)においても，高炉スラグ微粉末（ブレーン比表面積4 390 cm^2/g）を混入したコンクリートの平均浸透深さは無混入のコンクリートに比べ代替率30および50％の場合は大約0.8，代替率80％の場合は大約0.7となっており，上記と類似の関係を示している（コンクリートの配合条件，透水試験条件などは4.1.4の1.で述べている）．

3. シリカフューム

(1) 一般の場合

図-4.11[9]は，セメントの一部を各種微粉末混和材で置き換えたコンクリートの水密性を比較したものである．コンクリートの配合条件や透水試験方法の詳細は，4.1.4の1.に記してあるが，主なことは，コンクリートの単位結合材量300 kg/m^3，水結合材比55％，試験水圧0.49 MPa，試験時間7日間の高圧浸透試験で，試験結果を平均浸透深さで表している（拡散係数は平均浸透深さの自乗に比例する）．図-4.11に示すように，混和材としてのシリカフュームの特徴的な効果は，使用量が少なくても初期材齢からコンクリートの水密性を著しく改善することである．すなわち，シリカフュームの代替率が5％および10％の場合，材齢2週における無混入のコンクリートに対する平均浸透深さ比は，約0.7および約0.3(拡散係数比で約0.5および約0.1)となっている．この水密性の改善効果は，長期にわたって継続し，シリカフュームの超微細粒による細隙充てん効果と高いポゾラン活性による組織の緻密化に起因するとされている．

図-4.15 は，各種混和材を用いたモルタル(結合材：砂比＝1：2，水結合材比＝50％，標準砂使用)の細孔径分布測定結果である．シリカフュームの混入により，全細孔量は減少しないが，半径 0.024～0.24μm の細孔が著しく減少し，0.003～0.0075μm の細孔が増加している．すなわち，シリカフュームの細隙充てん効果により，大きめの空隙が 0.0075μm 以下の微細空隙に移行し，緻密化されたものと考えられる．

なお，従来水セメント比 35％程度以下，単位セメント量 400～450 kg/m³ 以上の富配合コンクリートの場合を除いて，セメントの 5～10％をシリカフュームで置き換えることによりコンクリートの水密性，気密性を著しく改善するが，10％以上用いてもそれに見合う改善効果は期待できないとの説が一般に認められている．

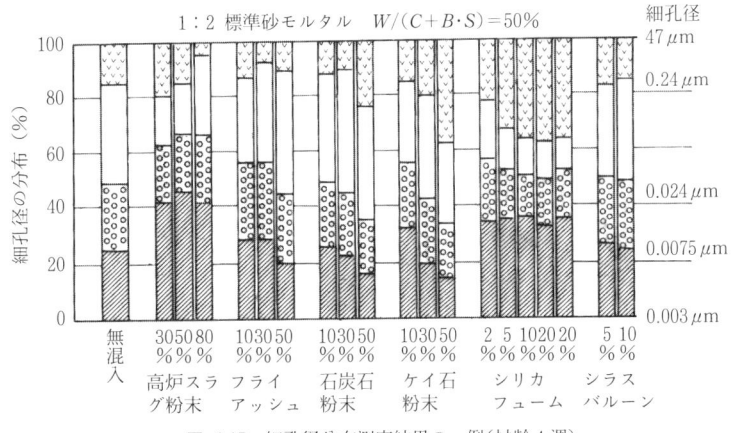

図-4.15 細孔径分布測定結果の一例(材齢4週)

次に，JIS A 6207「コンクリート用シリカフューム」では，シリカフュームを粉体シリカフューム，粒体シリカフュームおよびシリカフュームスラリーの3種に分類しているので，粉体シリカフュームとシリカフュームスラリーの間にコンクリートの水密性改善効果に差異がないかどうかを検討しておくことが望ましい．

図-4.16 は，表-4.17 に示す粉体シリカフュームとシリカフュームスラリーを用い，単位結合材量 260～340 kg/m³，シリカフュームの代替率を 15％としたコンクリート(配合の詳細は表-4.18)について，材齢28日まで標準水中養生後，20℃，湿度65％で7日間乾燥し，試験水圧を 1.47 MPa，試験時間を48時間と

4.1 コンクリート材料の影響

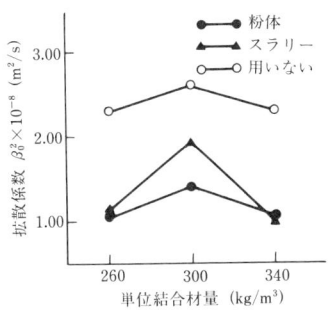

図-4.16 粉体シリカフュームとシリカフュームスラリーを用いたコンクリートの拡散係数

して高圧浸透試験を行った結果である．図-4.16 によれば，粉体シリカフュームとシリカフュームスラリーを混入したコンクリートの拡散係数はほぼ等しく，無混入のものの約 1/2 となっている．すなわち，微粉状のものとスラリー化したものとで，コンクリートの水密性改善に対する寄与度に変わりはないとしてよい．

表-4.19 は，シリカフュームスラリーを用い，シリカフュームの混入によるコンクリー

表-4.17 シリカフュームの品質

	粉体	原粉体シリカフュームスラリー
比表面積(m^2/g)	18.5	21.1
湿分(%)	0.54	0.23
強熱減量(%)	1.79	2.00
二酸化ケイ素(%)	93.4	88.8
三酸化硫黄(%)	0.27	1.50
酸化マグネシウム(%)	0.59	2.40
活性度指数(%) 7日	117	—
活性度指数(%) 28日	128	111
密度(g/cm^3)	2.25	2.35

スラリーの性状

主成分	シリカフューム
外観	黒灰色スラリー
シリカフュームの濃度	50%±2%
密度(g/cm^3)(20℃)	1.39±0.05

表-4.18 シリカフュームの配合表

シリカフュームの種類	シリカフュームの代替率(%)	単位結合材量 (kg/m^3)	単位水量 (kg/m^3)	水結合材比 (%)	細骨材率 (%)
粉体	15	260	130	50.0	43.9
		300	130	43.3	42.7
		340	130	41.8	41.6
スラリー	15	260	130	50.0	43.9
		300	126	42.0	42.4
		340	130	38.2	41.6
用いない	—	260	130	50.0	43.9
		300	130	43.3	42.6
		340	130	38.2	41.6

表-4.19 シリカフュームの混入がコンクリートの浸透係数および拡散係数に及ぼす影響

シリカフュームの種類	シリカフュームコンクリートの配合					浸透係数 $K \times 10^{-12}$ (m/s)		拡散係数 $\beta_0^2 \times 10^{-8}$ (m²/s)				圧縮強度 (N/mm²)	
	単位結合材量 $C+S$ (kg/m³)	シリカフューム代替率 $\frac{S}{C+S}$ (%)	単位水量 W (kg/m³)	水結合材比 $\frac{W}{C+S}$ (%)	細骨材率 s/a (%)	材齢7日	材齢28日	材齢7日		材齢28日		材齢7日	材齢28日
						45℃湿度35%乾燥	45℃湿度35%乾燥	45℃湿度35%乾燥	20℃湿度65%乾燥	45℃湿度35%乾燥	20℃湿度65%乾燥		
シリカフュームスラリー	300	0	140	0.467	43	13.7	8.0 (1.00)	49.7	10.8	30.8 (1.00)	6.2	35.5	45.0
		5	142	0.473	43.2	5.9	4.4 (0.55)	25.3	8.2	19.9 (0.64)	4.3	40.9	47.9
		10	144	0.480	44.3	3.7	2.7 (0.31)	22.0	8.1	11.7 (0.38)	3.5	42.6	48.8
		15	147	0.490	44.5	2.5	1.4 (0.19)	21.0	8.0	9.3 (0.30)	3.4	44.9	50.5

トの水密性改善効果を浸透係数と拡散係数の両者によって評価したものである.

コンクリートは,単位結合材量を 300 kg/m³,シリカフューム代替率を 0,5,10,15 % とし,高性能 AE 減水剤を用いて,スランプを約 10 cm,空気量を約 5 % としたものである.

供試体は,材齢 7 日および 28 日まで 20℃ 水中で養生後,45℃,湿度 35 % または 20℃,湿度 65 % の室内で 14 日間乾燥し,低圧および高圧浸透試験(試験水圧 0.15 MPa,1.50 MPa,試験時間 48 時間)に供している.

表-4.19 および図-4.17 に示すように,シリカフュームの混入により,低圧試験の場合も高圧試験の場合も顕著な水密性改善効果が認められるが,低圧浸透流と高圧浸透流に対する水密性の改善効果に若干の差異がみられる.すなわち,セメントの 5,10,15 % をシリカフュームで置き換えた場合,これを用いない場合の浸透係数および拡散係数からの減少率で表すと,たとえば材齢 28 日の 45℃ 乾燥の場合,浸透係数の減少率はそれぞれ約 45 %,約 70 % および約 80 % であるのに対し,拡散係数の減少率は約 35 %,約 60 % および約 70 % となっ

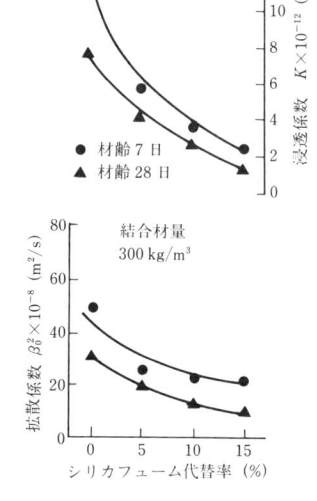

図-4.17 シリカフュームの混入がコンクリートの浸透係数および拡散係数に及ぼす影響(供試体の乾燥条件が45℃,湿度35%で14日間乾燥の場合)

ており，浸透係数の減少率は各代替率で10％程度大きい．このように，低水圧の場合に効果的であることは **4.1.3** に述べた化学混和剤によるコンクリートの水密性の改善効果と類似の傾向を示している．

(2) コンクリート工場製品の場合

工場製品のように，蒸気養生やオートクレーブ養生が行われる場合，コンクリートの透水性が相当に増大するが，シリカフュームの混入により，これが改善されるといわれている．

図-**4.18** は，20℃ 水中養生と 65℃ 蒸気養生を行った製品用コンクリートについて，シリカフュームによる水密性の改善効果を検討したものである[11]．

コンクリートの配合は，表-**4.20** に示すように，粗骨材の最大寸法 20 mm，単位結合材量 320 kg/m³，シリカフューム代替率 5～20 %，高性能減水剤を用いてスランプ約 8 cm，空気量約 2 % とし，透水試験用供試体は，ϕ 20 mm の中心孔をもつ ϕ 150×300 mm の中空円筒形であって，材齢 28 日まで 20℃ の水中養生をしたものと最高温度 65℃ の蒸気養生［前養生(20℃，3 時間)＋温度上昇(10℃/h，3 時間)＋等温養生(65℃，3 時間)＋徐冷期間(13 時間)］後，材齢 28 日まで 20℃ 水中養生したものにつき，アウトプット方法によって透水性を比較している．図-**4.18** にみられるように，シリカフュームを用いない場合には，蒸気養生した製品用コンクリートの透水係数は標

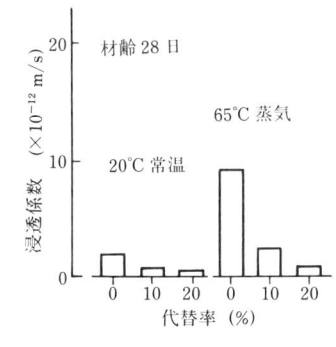

図-**4.18** 製品コンクリートの透水試験

表-**4.20** コンクリートの配合表

単位結合材量 (kg/m³)	シリカフューム代替率(%)	単位水量(kg/m³)	水結合材比 W/C(%)	細骨材率 s/a(%)
320	0	169	53	48
	5	169	53	
	10	171	53	
	15	178	56	
	20	185	58	

粗骨材の最大寸法＝20 mm，スランプ＝約 8 cm，空気量＝約 2 %
高性能減水剤使用

準水中養生したものの 5 倍程度に増大するが，シリカフュームをセメントの 10～20％置き換えることにより，透水性は標準水中養生のものと同等となっており，水密性を必要とする．工場製品には，一般にシリカフュームの使用が有利であること示している．

4.1.5 膨 張 材

膨張材の使用がコンクリート部材の水密性の改善に寄与するのは，乾燥収縮ひび割れの低減やケミカルプレストレスの導入による漏水の低減であるが，ここでは膨張コンクリート自体の水密性についても述べる．

1. 膨張コンクリートの水密性

表-4.21 は，膨張コンクリートの透水試験結果の一例[12]であって，カルシウム・サルホ・アルミネート系膨張材をセメントの内割りで 11～15％ 使用した場合の水密性に及ぼす影響を示している．

コンクリートの配合は，粗骨材の最大寸法 25 mm，単位セメント量 450 kg/m³，水セメント比 41％，スランプ 17 cm（詳細は表-4.21 の備考参照）であって，透水試験は材齢 3 日まで 20℃，湿度 65％ で湿潤養生した後に脱型し（3 日間型枠拘束となる）．25 日間，20℃，湿度 50％ で乾燥して，試験水圧を 0.98 MPa とし，アウトプット方法により透水係数を求めている．ただし，供試体は ϕ 20 mm の中心孔をもつ ϕ 150×300 mm の中空円筒形である．アウトプット方法による透水試験値は，一般にばらつきが大きいので，表-4.21 の試験結果だけから直ちに結論を導くことは困難であるが，膨張材を混入したコンクリートは無混入のコンクリートと同等以上の水密性を有すると考えられる．

次に，膨張コンクリートの膨張過程に

表-4.21 膨張コンクリートの透水試験結果

CSA 混入率(％)	透水係数 $k \times 10^{-11}$(m/s)
0	10.0
11	0.2
13	0.4
15	2.6

備考）膨張コンクリートの配合：粗骨材の最大寸法＝25 mm，C＝450 kg/m³，W＝185 kg/m³，CSA＝C×(0.11～0.15)〔セメントの内割り〕，s/a＝42％，スランプ＝17 cm，空気量＝1.1％

表-4.22 無拘束の供試体と拘束供試体による膨張コンクリートの透水試験結果

拘束鋼管の厚さ (mm)	拡散係数 $\beta_d^2 \times 10^{-8}$ (m²/s)
0(無拘束)	259
10	119
20	125

おける拘束の影響について述べる．

表-4.22[13]は，膨張コンクリートの無拘束および拘束供試体の透水試験結果であって，使用したコンクリートは，粗骨材の最大寸法25mm，水セメント比60％，CSA混入率はセメントの外割りで15％，スランプ約8cmのものである．拘束供試体は，190.3×170.3×20×200mmおよび190.3×150.3×20×200mm（それぞれ 外径×内径×厚さ×高さ）の2種の鋼管に膨張コンクリートを打ち込んで制作している．

供試体は，材齢14日まで20℃で湿潤養生した後，7日間乾燥し，試験水圧1.96MPa，試験時間48時間の高圧浸透試験に供している．

表-4.22より，拘束供試体の拡散係数は無拘束供試体の約1/2に低減し，拘束膨張が膨張コンクリートの水密性の改善に有効であることを示している．ただし，拘束条件の差異による水密性の変化は認められない．これは，鋼管の側面に貼り付けたワイヤーストレーンゲージにより測定した円周方向ひずみを用い，厚肉円筒解析により求めたコンクリートの半径方向，圧縮応力推定値（透水試験までの最大値）．1.5～1.6N/mm² と拘束鋼管の厚さにより，大差ないこととも符合している．また，図-4.19[13]は，別に行った膨張セメントペーストの無拘束および拘束供試体の細孔径分布の測定結果であって，セメントペーストの水セメント比は40％，CSA混入率は外割りで15％として，拘束用鋼管は，56×10×60mm（内径×厚さ×高さ）のものである．図示のように，無拘束供試体の全細孔容積が0.15cm³/gであるのに対し，拘束供試体の全細孔容積は0.11cm³/gに低減しており，これが水密性の改善に寄与していると考えられる．なお，拘束用鋼管として内径約50mm，厚さを20mmおよび30mmに増した場合も，ペー

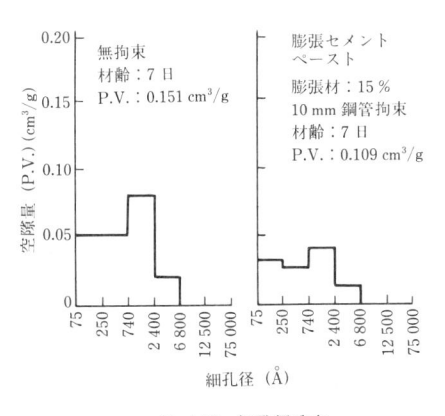

図-4.19 細孔径分布

2. 膨張コンクリートによるひび割れ制御

(1) ケミカルプレストレスを導入した鉄筋コンクリート円形水槽(上水道用配水池)[12].

① 配水池規模

円形タンク(環状シェル構造)内径 28.20 m，外径 29.00 m，壁厚 0.40 m，有効水深 10.00 m，有効貯水量 6 200 m³(図-**4.20** 参照).

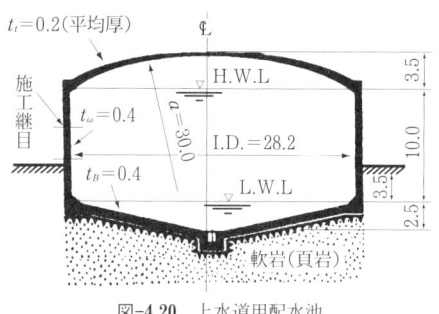

図-**4.20** 上水道用配水池

② ケミカルプレストレス

ケミカルプレストレス工法は，鉄筋コンクリート部材に膨張コンクリートを用いたとき，コンクリートの膨張により付着によって鉄筋に引張応力が生じ，その反力としてコンクリートに圧縮応力を導入するものである．

ケミカルプレストレスは，基本的には式(4.6)で表されるが，実構造物においては，縦筋による曲げ拘束や打継目における旧コンクリートによる拘束が生じる場合があるので，実用式として式(4.7)が用いられる．

$$\sigma_p = \varepsilon E_s A_s / A_c \qquad \cdots\cdots(4.6)$$

$$\sigma_p = (\varepsilon' - \varepsilon) E_c' \qquad \cdots\cdots(4.7)$$

ここに，

- σ_p：プレストレス
- ε ：拘束下の膨張ひずみ($\varepsilon = \Delta l / l$)
- ε' ：無拘束下の膨張ひずみ($\varepsilon' = \Delta l' / l$)
- E_s：鉄筋の弾性係数
- E_c'：コンクリートの見掛けの弾性係数(構造物の一部のモデル供試体を用い，実験により求める)
- A_s：鉄筋の断面積
- A_c：コンクリートの断面積 (図-**4.21**)

③ コンクリートの施工

コンクリートの配合は，粗骨材の最大寸法 25 mm，単位セメント量 450 kg/m³，水セメント比 41％，CSA 混入率 15％（セメントの内割り）で表-4.21 に示したものと同じであり，コンクリートの水密性も表-4.21 に示したとおりである．

コンクリートは，打込み後材齢 7 日まで散水養生を続け，十分に膨張性を発現させている．

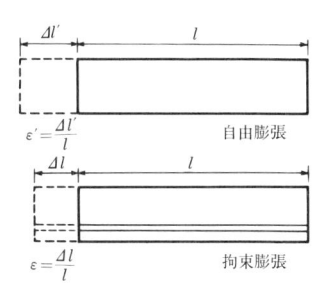

図-4.21 自由膨張ひずみ ε' および拘束膨張ひずみ ε

次に，コンクリートの打込み作業において，注目すべき点は打継目の施工法である．すなわち，側壁の水平打継目において，すでに膨張を終了した旧コンクリート上に通常の方法で新コンクリートが打ち継がれると，新コンクリートの膨張により旧コンクリート中のプレストレスが大幅に低減するおそれがある．打継目を砂目地（砂・石膏混和物），または発泡スチロールによって絶縁し，新コンクリートの膨張が終了した後，目地に膨張モルタル（セメント砂比 1：1，CSA 13％混入）を充てんする．

④ 導入プレストレス量とタンクの水密性

壁体内に埋め込んだカールソンひずみ計によって測定した圧縮ひずみとコンクリートの見掛けの弾性係数から求めた側壁円周方向の導入プレストレス量は，約 3 N/mm² であり，漏水時に最大引張応力が発生する側壁高さの中央部における残存プレストレス量は，0.8 N/mm² である．

設計荷重時に，すべての断面に引張応力が発生せず，ひび割れが生じることなく，打継目の周辺に部分的に防水工を施しただけで，鉄筋コンクリートタンクの水密性は完全に保持されている．

(2) 道路橋床版への適用（収縮補償）[14]

① 道路橋床版の耐久性向上と膨張コンクリート

かつて，東名および名神高速道路の供用開始後，初期のうちにコンクリート床版の陥没など重度の損傷がしばしば発生したことについて，過積載車輌の輪荷重とその衝撃が主要因と考えられていた．しかし，実物大の模型床版（床版厚 180 mm，床版支間 4.0 m，昭和 39 年道路橋示方書適用）の押抜きせん断疲労試験の結果，200 万回以上の繰返し載荷に対し，約 250 N の疲労耐力を有す

ることが明らかとなった.

　これは, 実橋で観測した大きい輪荷重の2倍以上であるから, 輪荷重だけで頻発した床版の損傷を説明することはできない. 一方, 実橋床版の損傷箇所は, 輪荷重走行位置で著しい漏水を伴う格子状ひび割れとなっているので, 試験室においてあらかじめ所定位置にひび割れを入れた模型床版に水を張り, 移動操返し荷重試験を行った結果, 実橋と類似の破壊形態を示し, 疲労耐力も低下した.

　これは, 一種の水中疲労現象であって, ひび割れ内の浸透水のポンプ作用によって損傷が加速され, 疲労耐力が大幅に低下したのであろう. 一般にコンクリートの水中疲労強度は, 気中疲労強度の40～60％に低下する. したがって, 道路橋床版の耐久性(耐疲労性)を向上させるには, 乾燥収縮などによる初期ひび割れの発生をできるだけ少なくすることおよび最大ひび割れ幅を小さくして水の浸透を許さないことが重要となる(従来, ひび割れ幅が0.1～0.15 mm以下であれば, 水の透過はないとされている). この目的に対し, 床版厚の増大や鉄筋量の増加では対応できないので, 膨張コンクリートの適用が有効と考えられるのである.

② 膨張コンクリート床版の試験施工

　日本道路公団が行った実橋における膨張コンクリート床版の試験施工の数例を以下に示す. これらは, 鋼橋のコンクリート床版の一部を膨張コンクリートで試験施工し, 普通コンクリート床版とひび割れ発生状況などについて比較検討したものである.

　(i) 橋梁概要：膨張コンクリート床版の試験施工を行った橋梁の概要を**表-4.23**に示す.

　(ii) コンクリートの配合：各橋の床版コンクリートの示方配合を**表-4.24**に示

表-4.23　橋梁概要

橋　名	黒石浜橋 (長崎自動車道)	多良見橋 (長崎自動車道)	小菅高架橋 (東関東自動車道)
型　式	鋼単純合成桁 (橋長 41.5 m)	鋼4径間連続桁 (橋長 149.15 m)	鋼2.5径間連続桁 鋼3径間連続箱桁 (橋長 346.7 m)
幅員および主桁間隔	8.5 m (3@2.50 m)	9.25 m (4@2.00 m)	10.0 m (3@3.00 m)
床版厚	240 mm	210 mm	240 mm

表-4.24 コンクリートの示方配合

	床版コンクリートの種類	単位セメント量 C (kg/m³)	単位膨張材量 E (kg/m³)	単位水量 W (kg/m³)	水結合材比 $\frac{W}{C+E}$(%)	細骨材率 s/a(%)
黒石浜橋	膨張	345	35 (石灰系)	160	41.2	40.0
多良見橋	膨張	285	35 (石灰系)	161	50.3	42.5
	普通	320	0	161	50.3	42.5
小菅高架橋	膨張	265	35 (CSA系)	141	47.0	40.0
	普通	300	0	141	47.0	40.0

注) 粗骨材の最大寸法 25 mm, スランプ 8±2.5 cm, 空気量 4±1%, AE 減水剤使用

す, 膨張材として, 石灰系またはCSA系のものを用い, 単位膨張材量は収縮補償を目的としているので, 試験により 35 kg/m³ とした. その結果, 実橋床版に打設したコンクリートの材齢7日の拘束膨張率は $250×10^{-6}$〜$310×10^{-6}$ であった.

(iii) 実橋床版のひび割れ発生状況：表-4.25は, 実橋床版におけるひび割れ幅の分布を示す.

表-4.25 実橋床版のひび割れ幅の分布(単位：m/m²)

		黒石浜橋		多良見橋		小菅高架橋	
測定した材齢		7年1月		5年11月		3年3月	
測定箇所		支間中央付近		支間中央付近		支間中央付近	
コンクリートの種類		膨張	普通	膨張	普通	膨張	普通
ひび割れ幅	0.05 mm 以下	1.28 (80)	14.90 (89)	0.27 (100)	10.05 (94)	0.06 (100)	6.24 (92)
	0.05〜0.15 mm	0.32 (20)	1.89 (11)	0.00 (0)	0.52 (5)	0.00 (0)	0.53 (8)
	0.15〜0.25 mm	0.00 (0)	0.00 (0)	0.00 (0)	0.12 (1)	0.00 (0)	0.00 (0)
合計		1.60 (100)	16.79 (100)	0.27 (100)	10.69 (100)	0.66 (100)	6.77 (100)

注) ( )内は百分率 %

膨張コンクリート床版のひび割れ密度（舗装面の測定面積「幅員×測定長」に対するひび割れ長さの比）は，非常に小さく，普通コンクリート床版の1/8〜1/10であった．また，ひび割れ発生時期も普通コンクリート床版より遅く，黒石浜橋および小菅高架橋の場合，コンクリートの打設後1年以上経過してからひび割れの発生が認められた．

表-4.25に示したように，膨張コンクリート床版の最大ひび割れ幅は，0.15mm未満であるが，普通コンクリート床版では，0.15〜0.25 mmのものが1〜2％発生している橋梁もみられた．

以上の実橋床版のひび割れ調査結果からも，膨張コンクリートを適切に用いてひび割れ性状を著しく改善することにより，道路橋床版の繰返し荷重に対する耐久性を大幅に向上させることが期待できる．

4.2 コンクリートの配合の影響

4.2.1 水セメント比の影響

コンクリートの配合要因のうち，水密性に最も大きい影響を及ぼすものは，水セメント比と粗骨材の最大寸法であることはよく知られている．このことは，図-4.22に示すRuettgersらの"水セメント比および粗骨材の最大寸法がコンクリートの透水係数に及ぼす影響[15]"の試験結果が米国農商務省開拓局発行の「コンクリートマニュアル」中の水密性の項に最も重要なデータとして掲載され，数次の改訂版においても，この図だけは不動のものとして掲載され続けており，わが国でも多くのコンクリートの専門書に転載されてきた．これは，1935(昭和10)年に米国コンクリート学会誌に発表されたもので，ダム，水路などのコンクリートを対象としているが，コンクリートの水密性を網羅的に検討したものであって，透水試験はすべてアウトプット方法による．

わが国でコンクリートの水密性の研究が本格的に開始されたのは，佐久間，黒

図-4.22 水セメント比と透水係数との関係の一例

図-4.23 水セメント比および粗骨材の最大寸法がコンクリートの拡散係数に及ぼす影響

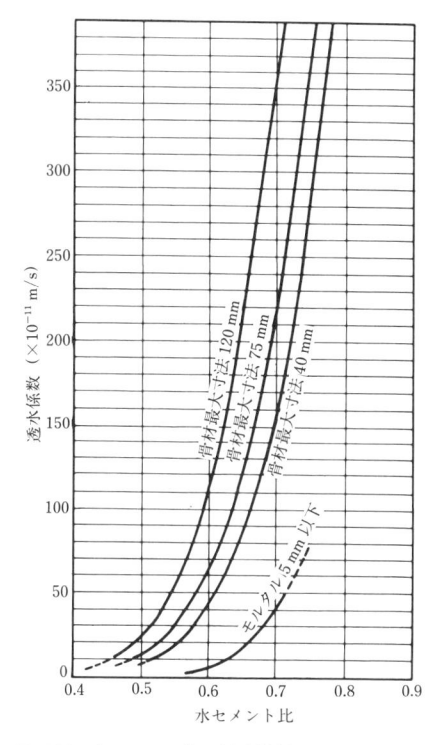

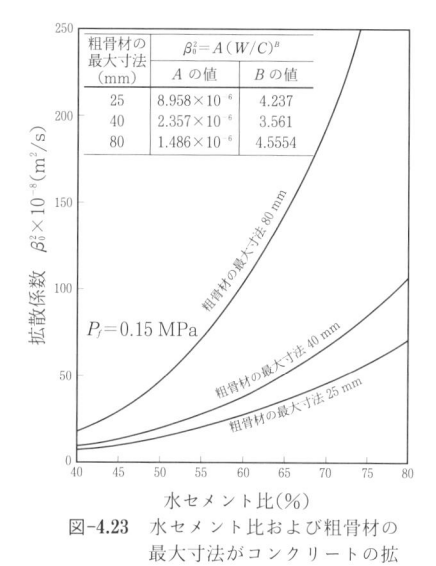

粗骨材の最大寸法(mm)	$\beta_0^2 = A(W/C)^B$	
	A の値	B の値
25	8.958×10^{-6}	4.237
40	2.357×10^{-6}	3.561
80	1.486×10^{-6}	4.5554

部第四,奥只見などの大ダムの建設に対応して昭和30年頃からであるので,わが国と欧米との間にコンクリート技術の進歩の過程に大きな隔差があったことが偲ばれるのである.

図-4.23は,水セメント比とコンクリートの水密性の関係を拡散係数で表したものである[1]. すなわち,粗骨材の最大寸法を25,40,80 mmとし,スランプを約8 cm,空気量をそれぞれ約5%,約4.5%および約3.5%とし,水セメント比を45〜70%に変化させた場合である. 試験方法および結果の詳細は表-4.26に示されている. 供試体の養生は,材齢28日まで20℃の水中,その後の自然乾燥期間は$\phi 150$,$\phi 200$,$\phi 300$ mmの供試体に対し,それぞれ7,10,14日間としている.

図-4.23の水セメント比と拡散係数の関係は,前掲の水セメント比と透水係数の関係と類似の曲線形状を示し,水セメント比が55%前後から曲線の勾配が比

表-4.26 水セメント比および粗骨材の最大寸法がコンクリートの拡散係数および圧縮強度に及ぼす影響

粗骨材の最大寸法 (mm)	供試体の寸法 (mm)	試験水圧 (MPa)	試験時間 (h)	水セメント比 (%)	拡散係数 $\beta_0^* \times 10^{-8}$ (m²/s)	圧縮強度 (N/mm²)
25	φ150×150	1.96	48	45.0	11.0	38.5
				53.0	18.1	31.4
				62.0	26.0	24.6
				70.0	51.1	18.4
40	φ200×200	1.96	48	45.0	14.6	36.6
				53.0	22.3	30.4
				62.0	42.9	23.2
				70.0	68.7	19.1
80	φ300×300	0.49	48	45.0	32.3	35.6
				53.0	55.7	29.0
				62.0	116	24.2
				70.0	207	18.4

較的急となっている．

土木学会コンクリート標準示方書では，水密性を必要とするコンクリートの水セメント比を55％以下と規定しているが，これは厳密な意味での限界値を示したものではなく，図示のように安全を考慮した目安を与えたものであることはいうまでもない．水セメント比の変化に伴う拡散係数の変化は，たとえば，水セメント比60％のコンクリートの拡散係数は，水セメント比50％の場合の約1.8〜2.2倍，平均約2倍となっている．拡散係数が2倍となることは，一定水圧を一定時間コンクリートに加えた場合の平均浸透深さが約1.4倍になることを示唆するもので，これは第6章に述べるように水密性から必要なコンクリート部材の厚さを，水セメント比60％のコンクリートを用いた場合は，水セメント比50％のコンクリートを用いた場合の1.4倍以上とする必要があることを示している．

一方，同じ粗骨材の最大寸法およびスランプを有するコンクリートにおいて，水セメント比60％から50％に低減した場合の単位セメント量の増加量は20％程度にすぎない．

水密性を必要とするコンクリート部材においては，用いるコンクリートの品質（主として水セメント比）のみでなく，作用する水圧の大きさおよびコンクリートの厚さを総合的に考慮する必要があり，その場合に図-4.22ならびに式(4.1，4.2，4.3，4.4)，図-4.7(p.63)および図-4.8(p.64)が重要な基礎資料となる．

なお，図-4.22に示す各曲線はそれぞれ次の式で表される．

$$\beta_0^2 = A(W/C)^B \qquad \cdots\cdots(4.8)$$

粗骨材最大寸法　25mm　$A = 8.96 \times 10^{-6}$　$B = 4.24$
粗骨材最大寸法　40mm　$A = 2.36 \times 10^{-6}$　$B = 3.56$
粗骨材最大寸法　80mm　$A = 1.49 \times 10^{-6}$　$B = 4.56$

4.2.2 粗骨材の最大寸法の影響

図-4.23および表-4.26は粗骨材の最大寸法と拡散係数および圧縮強度の関係も示している．すなわち，水セメント比およびワーカビリティーを一定としたコンクリートにおいて，粗骨材の最大寸法が相違しても圧縮強度に大差はないが，粗骨材の最大寸法が大となるほど水密性は小となる．水セメント比が45～70％の範囲内では，粗骨材の最大寸法が40 mmの場合の拡散係数は25 mmの場合の約1.3～1.6倍，平均1.4倍となり，最大寸法を80 mmとした場合の拡散係数は，40 mmの場合の約2.2～3.0倍，平均約2.6倍となっている．これは，ブリーディングによって生じた粗骨材の下側の多孔層に起因する．

　一般に，良いコンクリートを経済的に造るためには，部材の寸法，鉄筋のあきなどを考慮して，なるべく粗骨材の最大寸法を大きく選ぶのが得策であるが，水密性を必要とするコンクリートを造る場合には，粗骨材の最大寸法が大となるほど水密性は相当に低下するため，ほかの一般構造物の場合より粗骨材の最大寸法を小さめに選定する方がよい．そして所要のワーカビリティーが得られる範囲内で単位水量が最小となるよう，とくに配慮し，分離の少ないコンクリートとしなければならない．

4.2.3 空気量の影響

　AEコンクリートに1 MPa以上の大きい水圧が加わると，侵透水の一部がエントレインドエアー中にも流入し，その結果，空気量が増すほどAEコンクリー

第4章　各種要因がコンクリートの水密性に及ぼす影響

トの水密性は低下するとの指摘がかなり以前からされている[1].

これに対し，次の実験結果[16]は，0.15 MPa 以下の比較的低い水圧のもとにおける空気量の影響も含まれている．

コンクリートの配合は，表-4.27 に示すように粗骨材の最大寸法 20 mm（砕石），単位セメント量 318 kg/m³，単位水量 175 kg/m³，水セメント比 55 ％，細骨材率 41.8 ％ のプレーンコンクリートに AE 剤を順次添加増量し，空気量は約 1.7 ％ から約 12 ％ まで変化している．したがって，コンクリートの配合比は一定であるが，コンシステンシーは大幅に変化し，スランプは約 2 cm から 15 cm まで増大している．

表-4.27　AE コンクリートの空気量が透水性に及ぼす影響

| 水セメント比 (％) | 細骨材率 (％) | コンクリートの種類 | 単位量 (kg/m³) | | | | | スランプ (cm) | 硬化コンクリートの空気量 (％) | 浸透係数 $K \times 10^{-12}$ (m/s) | | 拡散係数 $\beta_D^2 \times 10^{-8}$ (m²/s) | |
			水	セメント	細骨材	粗骨材	AE 剤			45℃, RH 35 % 14 日間乾燥	20℃, RH 65 % 14 日間乾燥	45℃, RH 35 % 14 日間乾燥	20℃, RH 65 % 14 日間乾燥
55	41.8	プレーン	175	318	771	1 073	—	2.0	1.67	35.3	0.124	26.8	2.08
		AE	172	312	757	1 053	1.5 A	7.0	3.46	37.9	0.189	53.2	2.49
			161	293	711	989	2.2 A	11.0	6.08	46.0	0.675	60.1	4.76
			149	271	657	914	4.2 A	15.4	7.54	52.4	1.920	72.3	7.21
			136	247	598	833	5.5 A	15.0	8.97	56.0	1.970	89.4	7.80
			121	220	534	744	7.5 A	15.0	10.7	53.6	3.210	117	8.47
			107	194	471	655	9.7 A	15.0	11.9	61.5	5.150	透過	11.0

空気量は，顕微鏡による硬化コンクリートの空気量測定法による

図-4.24 は，これらのコンクリートにおける空気量と浸透係数および拡散係数の関係であり，供試体の材齢は 28 日，試験水圧は 0.147 MPa および 0.98 MPa，試験時間は 48 時間である．図示のように試験水圧の高低にかかわらず，空気量が増すほど浸透深さは増大する傾向を示し，たとえば絶乾試料についていえば，空気量 1 ％ の増加により，浸透係数は約 8〜12 ％，拡散係数は約 4〜18 ％ 増大している．

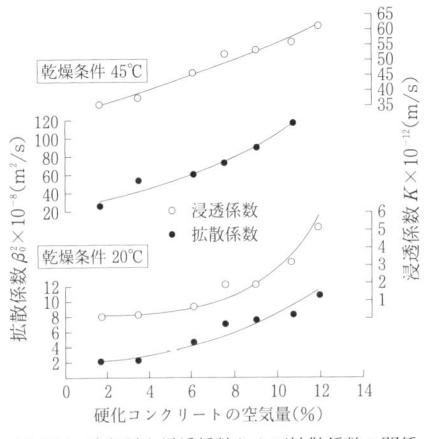

図-4.24　空気量と浸透係数および拡散係数の関係

しかし，上記の試験結果は，小型の型枠内に充てんした均等質なAEコンクリートに関するもので，水密性に及ぼす空気量の純粋な影響を示すものであるが実用的な意義は薄い．断面の大きい一般の構造物のコンクリートにおいては，材料分離は避けられない．材料分離に起因するブリーディングの水みちや，粗骨材周囲の多孔層は，コンクリートの水密性を大きく低減する．これに対し，エントレインドエアーは材料分離を少なくするとともにワーカビリティーを改善して施工上の欠点を少なくするため，水密構造物の施工には適当な空気量を有するAEコンクリートを用いる必要がある．

4.3 コンクリートの施工方法の影響

4.3.1 打込み温度および養生温度の影響

コンクリートの打込み時の温度および養生温度の影響を検討する対象は，主としてマスコンクリート構造物である．すなわち，マスコンクリートにおいては，温度ひび割れを防ぐために材料のプレクーリングなどによる練り上りコンクリートの温度の低下や，自己発熱の放散などによる硬化コンクリート温度の抑制をはかる．したがって，以下の水密性に関する解説もマスコンクリートを中心として述べられている．

(1) 打込み温度の影響

表-4.28 は，粗骨材の最大寸法 150 mm，単位セメント量 180 kg/m^3，単位水量 98 kg/m^3，水セメント比 54.4%，細骨材率 27%，スランプ約 3 cm のマスコンクリートの配合から，あらかじめ 25 mm 以上の粒を除いて練り混ぜたコンクリート（実配合は表-4.28）について，打込み時のコンクリートの温度を約 5，20，および 30℃ とした場合の拡散係数および圧縮強度を比較したものである[1]．

供試体は，作製後それぞれの打込み温度と同じ温度に保った室内に約 2 時間静置した後，約 20℃ の室内に移し，材齢 2 日から材齢 14 日，28 日，および 3 月

表-4.28 打込み温度がコンクリートの拡散係数および圧縮強度に及ぼす影響

25 mm以下のコンクリートの実配合	打込み温度 (℃)	材齢 項目	7日	14日	28日	3月	6月	1年
単位セメント量 334 kg/m³ 単位水量 182 kg/m³ 水セメント比 54.4 % 細骨材率 59.7 % スランプ 12 cm(5℃) 〜9 cm(30℃)	5	拡散係数 $\beta_0^2 \times 10^{-8}$ (m²/s)	—	103.0	9.4	7.7	4.5	3.2
		圧縮強度 (N/mm²)	15.0	24.9	34.9	41.7	44.0	45.2
	20	拡散係数 $\beta_0^2 \times 10^{-8}$ (m²/s)	—	81.5	8.8	7.3	5.5	3.8
		圧縮強度 (N/mm²)	15.0	22.2	31.4	38.1	41.0	43.0
	30	拡散係数 $\beta_0^2 \times 10^{-8}$ (m²/s)	—	56.8	15.7	6.2	6.3	4.3
		圧縮強度 (N/mm²)	14.2	22.1	31.5	38.7	40.4	43.0

まで約20℃の水中で養生している．

透水試験供試体は，水中養生後，約20℃の室内で7日間乾燥し，高圧浸透試験(試験水圧0.49 MPaまたは1.96 MPa，試験時間24時間または48時間)に供している．

表-4.28に示すように，打込み温度が低い場合のコンクリートの水密性は，高い場合に比べ初期材齢では小であるが，長期材齢においては同等以上となり，打込み温度と材齢に伴う圧縮強度の増進状況と類似の関係にある．すなわち，打込み温度を約5℃とした場合の拡散係数は，約30℃とした場合に比べ材齢14日では約1.3倍であるが，材齢1年においては約0.7倍となっている．

(2) 養生温度の影響

表-4.29は，粗骨材の最大寸法150 mm，単位セメント量153 kg/m³，単位水量86 kg/m³，水セメント比56.2 %，細骨材率25.5 %，AE減水剤を用いてスランプを約5.5 cm，空気量を約3 %としたマスコンクリートの配合から，あらかじめ25 mm以上の粒を除いて練り混ぜたコンクリートについて，養生温度を約10, 20, 30℃とした場合の拡散係数および圧縮強度を比較したものである[1]．

供試体は，作製後48時間約20℃の室内に置き，その後所定の温度の水中で材齢14日，28日および3月まで養生を行っている．透水試験供試体は，養生終了後7日間約20℃の室内で乾燥し，高圧浸透試験(試験水圧0.49 MPaまたは0.98 MPa，試験時間24時間または48時間)に供している．

4.3 コンクリートの施工方法の影響

表-4.29 養生温度がコンクリートの拡散係数および圧縮強度に及ぼす影響

25 mm 以下のコンクリートの実配合	養生温度 (℃)	材齢 項目	14 日	28 日	3 月
単位セメント量 287 kg/m³ 単位水量 161 kg/m³ 水セメント量 56.2 % 細骨材率 57.8 % スランプ 18.5〜20 cm 空気量 5.4〜6.0 %	10	拡散係数 $\beta_0^2 \times 10^{-8}$ (m²/s)	1 336	105.2	15.7
		圧縮強度 (N/mm²)	13.1	20.9	38.6
	20	拡散係数 $\beta_0^2 \times 10^{-8}$ (m²/s)	175.8	25.0	11.6
		圧縮強度 (N/mm²)	17.8	30.7	36.6
	30	拡散係数 $\beta_0^2 \times 10^{-8}$ (m²/s)	359.5	20.0	10.6
		圧縮強度 (N/mm²)	22.4	31.6	36.1

表-4.29 に示すように，低い温度で養生したコンクリートの水密性は，高い温度で養生した場合に比べ，初期材齢においては小であるが，材齢が長くなるに従い両者の差は少なくなり，養生温度を異にする圧縮強度の増進状況と類似の傾向を示している．

すなわち，養生温度を約 10℃ とした場合の拡散係数は約 30℃ とした場合に比べ，材齢 14 日では約 2.5 倍であるが，材齢 3 月においては約 1.5 倍である．

以上のように，打込み温度および養生温度は材齢に伴うコンクリートの水密性の増進状況と圧縮強度の増進状況に同様な影響を与えるが，これは両者が大部分セメントの水和の進行に依存することを示している．

したがって，マスコンクリートの温度ひび割れを少なくするために，打込み時および硬化後の温度をなるべく低く保つことは，長期強度の増進のみでなく，長期材齢における水密性にも良い影響を与える．

4.3.2 気中曝露の影響

大気中への曝露がコンクリートの水密性に及ぼす影響について，気象条件が著しく異なるサウジアラビアおよびスウェーデンにおける実験(年間降雨量は，前者は約 50 mm，後者は約 800 mm)の 2 例を示す．

1. サウジアラビアにおける実験[17]

プレーンコンクリートとフライアッシュコンクリートを用いて造った供試体を4～6箇月間野外に曝露した場合と試験室内で湿潤養生した場合の吸水率，浸透深さなどを比較したものである．

(1) コンクリート供試体および曝露条件

コンクリートは，粗骨材の最大寸法20 mm，スランプ5～7.5 cmのプレーンコンクリートおよびフライアッシュ代替率20％のフライアッシュコンクリートであって，それらの配合は表-4.30に示すとおりである．

表-4.30 コンクリートの配合(単位量：kg/m^3)

コンクリートの種類	セメント	フライアッシュ	水	細骨材	粗骨材	水セメント比(％)
プレーンコンクリート	400	0	176	600	1 180	44
フライアッシュコンクリート	320	80	184	600	1 180	46

供試体は，一辺150 mmの立方形，ϕ75×150 mm円柱形および厚い部材を想定した1 200×1 200×600 mmブロックの3種とし，このうち，立方形および円柱形供試体は野外の曝露試験場と25℃，湿度100％に保たれた試験室内に置き，ブロックは曝露試験場のみに置いた．供試体は，すべて材齢1日で脱型し，曝露供試体は材齢7日まで湿布で覆い，1日1回散水し，以後気中に曝露した．ブロックは，所定の材齢ごとにϕ75×300 mmのコアを採取した．

各供試体の試験材齢(気中曝露期間または湿潤養生期間)は，以下のとおりである．

プレーンコンクリートは7，14，21，42，75および117日，フライアッシュコンクリートは7，14，28，77，126および175日．

(2) 試験方法

試験方法は，ASTM C-642による硬化コンクリートの吸水率および浸透空隙率，BS 1881.Part5による．

初期表面吸水率およびDIN 1048による浸透性について行われている．これらの試験方法の概要は以下のとおりである．

① ASTM C-642-1997

Standard Test Method for Density, Absorption, and Voids in Hardened Con-

crete（コンクリートの密度，吸水率および空隙率試験方法）
 (i) 試料は，容積が 350 mℓ（普通コンクリートで約 800 g）以上で，ひび割れ，きず，そのほかの損傷のないものとする．
 (ii) 試料を 100〜110℃ で定質量となるまで乾燥し（24 時間ごとに試料の質量を測定し，その差が 0.5％ 以下となれば定質量とみなしてよい），試料の乾燥質量を A とする．
 次に，試料を水中に 48 時間以上浸漬し（24 時間の質量増加が 0.5％ 以下となるまで），表乾質量を測定し，B とする．吸水率を次式から計算する．

$$吸水率 = \frac{B-A}{A} \times 100$$

 (iii) 試料を適当な容器に入れ，水を加えて栓をし，5 時間煮沸する．自然冷却した後，煮沸表乾質量を測定し，C とする．浸漬と煮沸後の吸水率を次式から計算する．

$$浸漬と煮沸後の吸水率 = \frac{C-A}{A} \times 100$$

 (iv) 浸漬と煮沸後の試料の水中における見掛けの質量を測定し，D とする．試料の密度および空隙率を次式から計算する．

$$乾燥密度 = \frac{A}{C-D} \times g$$

$$浸漬後の密度 = \frac{B}{C-D} \times g$$

$$浸漬と沸騰後の密度 = \frac{C}{C-D} \times g$$

ここに，
 g：水の密度（g/cm^3）

② BS 1881 Part 5：1970

Test for determining the initial surface absorption of concrete（コンクリートの初期表面吸水率試験方法）
 (i) 試料
  a. 多孔コンクリート，ジャンカを有するコンクリートには適用できない．
  b. 試料は，100〜110℃ で定質量となるまで乾燥したもの（24 時間の乾燥に

よる質量の減少が 0.1％以下となるまで)とする.

気乾状態の試料について試験を行う場合には，48 時間以上 20±2℃ の室内で放置したものとする.

現場のコンクリートについて試験を行う場合には，コンクリート表面に 48 時間以上水がない状態のものとする.

(ii) 試験装置

a. 蓋状容器は，硬質プラスチック製で，内側面積(表面接触水の面積)が 500 mm^2 以上とする.

b. コンクリート表面が滑らかでない場合，蓋状容器の密着のため，ナイフエッジを設けなければならない.

図-**4.25** は，平坦なコンクリート水平面に固定した蓋状容器を，図-**4.26** は垂直に固定した蓋状容器を示す.

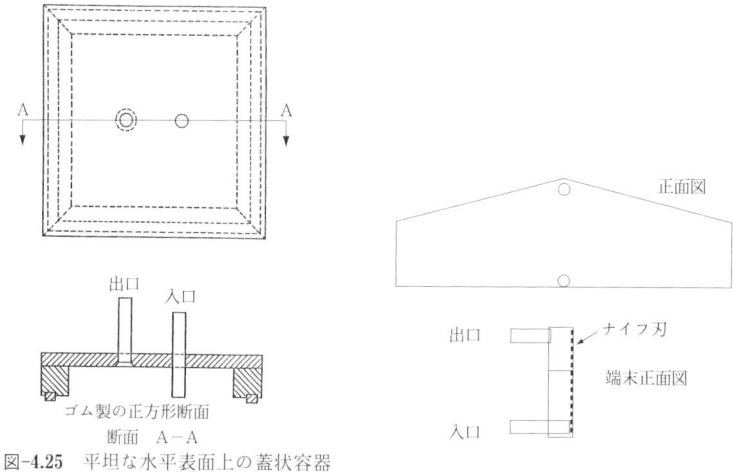

図-**4.25** 平坦な水平表面上の蓋状容器（キャップ）

図-**4.26** 垂直表面の蓋状容器

c. 貯水器は，直径約 100 mm のガラスまたはプラスチック製ロートで，制御タップまたはクリップタップを取り付けたフレキシブルチューブにより蓋状容器の入口に連結される.

d. 毛細管チューブは，長さ 100～1 000mm，半径 0.4～1.0 mm のものとし，フレキシブルチューブで蓋状容器の出口に接続する．図-**4.27** は，装置の

組立完成図である．

(iii) 試験の手順

蓋状容器がゴム製ガスケットを有する場合は，グリスを塗布して固定する．貯水器は，コンクリート表面から水頭 200 ± 20 mm を満足するよう据え付ける．水温は $20\pm2°C$ に保つ．現場試験の場合でも，試験中水温のはなはだしい変化を避けるとともに $22°C$ を超えないことが強く推奨される．

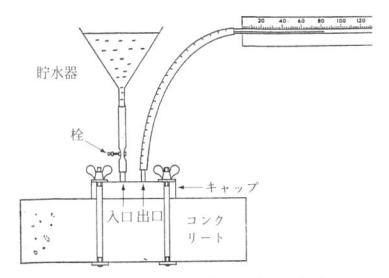

図-4.27 スタンドを除いた組立完成図

貯水器のチューブの栓を開放することにより試験開始とする．そして貯水器は，所定の水頭が保たれるよう水を補充する．

試験開始後，10 分，30 分，1 時間および 2 時間において 5 秒間の毛細管内の液面の移動量が 3 以下の場合は，移動が記録される時間は 2 分，液面の移動量が 3～9 の場合は 1 分，移動量が 10～30 の場合は 30 秒，移動量が 30 以上の場合は 3.60 mℓ/m^2/秒より以上のように初期表面吸水を記録する．

③ DIN 1048, 1978

4.7 Impermeability to water

（コンクリートの不浸透性）

(i) 供試体

a. 200×200 mm，厚さ 120 mm の正方形板，$\phi 150\times120$ mm の円板，辺長 200 mm の立方体，もしくは側長，または直径 300 mm の板（厚さは粗骨材の最大寸法の 4 倍以上），または辺長 300 mm の立方体．

b. 供試体の最小寸法は，粗骨材の最大寸法の 4 倍以上とする．

c. コンクリートの打込み後，約 24 時間を経て水圧面をワイヤブラシーで粗にする．

d. 供試体の側面は，水セメント比 40％ のセメントペーストでシールする．

(ii) 試験の手順

a. 試験の材齢は，原則として 28 日とする．供試体の養生は水中とし，湿潤状態で試験に供する．

b. 水圧を加える面は，辺長または直径が 200 mm の供試体の場合は直径 100 mm の円，辺長または直径が 300 mm の供試体の場合は直径 150 mm の円とする．

c. 水圧は，100 KPa を 48 時間，続いて 300 KPa および 700 KPa をそれぞれ 24 時間加える．

d. 漏水が生じた場合は，試験を終了とする．

e. 漏水がない場合は，供試体を水圧方向に割裂し，最大浸透深さを求める．

3 個の供試体のそれぞれの最大浸透深さの平均値を試験値とする．

(3) 試験結果

表-4.31 は，気中曝露がコンクリートの吸水および透水に関する種々の特性に及ぼす影響を，とくに供試体の大きさに注目して整理したものである(なお，原著にはこのほか AASHTO による塩分浸透性のデータも加えてある)．**表-4.31** より高温乾燥の大気中に曝露した供試体の吸水・透水特性は，湿潤養生供試体に比べ，すべての場合に大となっており，これはコンクリートの乾燥に起因する．

コンクリート中のセメントの水和の進行は，コンクリート内の湿度が 80 % 以下になると，かなり抑制され，70 % 以下になるとほとんど停止するといわれている．そのため，薄い部材を想定し，立方形および円柱形供試体に比べ，厚い部材を想定したブロックから採取したコアの吸水・透水特性の増加は少ない．

表-4.31 曝露供試体と湿潤養生供試体の水密性の比較

特　　性	曝露供試体/湿潤養生供試体			
	プレーンコンクリート		フライアッシュコンクリート	
	立方体・円柱体	ブロック	立方体・円柱体	ブロック
吸　水　率	1.07〜1.14	1.0 〜1.09	1.0 〜1.42	1.10〜1.27
侵透空隙率	1.14〜1.29	1.19〜1.0	1.13〜1.50	1.08〜1.21
初期表面吸水率	1.20〜1.71	−	1.61〜1.14	−
浸透深さ	1.84〜1.60	1.58〜1.30	0.82〜2.19	0.90〜1.38

以上のように，厚い部材の場合にはコンクリート内部に長期間湿気を保持するので，その水密性は養生条件の影響をそれほど受けない．

なお，フライアッシュコンクリートの場合は，湿気の保持はポゾラン反応を助長し，厚い部材における水和熱による温度上昇を抑制し，**4.3.1** で述べたように水密性に対し良い影響を与える．

表-4.32 は，プレーンコンクリートとフライアッシュコンクリートの吸水および透水特性を比較したもので，最右欄は同じ形状，寸法の供試体で同じ養生条件における両者の吸水および透水試験値の比を示している．

表-4.32 プレーンコンクリートとフライアッシュコンクリートの吸水および透水性の比較

特　　性	プレーンコンクリート	フライアッシュコンクリート	プレーンコンクリート / フライアッシュコンクリート
吸　水　率	6.3〜4.3	5.7〜3.4	1.1〜1.26
浸透空隙率	16.0〜9.8	14.0〜8.0	1.14〜1.22
初期表面吸水率	0.72〜0.36	0.73〜0.31	1.00〜1.16
浸　透　深　さ	11.8〜4.4	10.4〜3.2	1.13〜1.38

これらの試験結果から，この実験に用いたフライアッシュの場合は，材齢7日までの初期湿潤養生を経ることにより，気中曝露の場合でも，フライアッシュコンクリートの水密性は，プレーンコンクリートより大となっている．フライアッシュのポゾラン反応により生成されるカルシウムアルミネートは，比較的大きい空隙を充てんする．したがって，水密性の弱点とされている粗骨材とモルタルの界面や粗骨材の下側の粗なモルタル層を緻密化するのである．

2. スウェーデンにおける実験[18]

(1) コンクリート供試体および曝露条件

試験に用いたコンクリートの配合は2種類であって，普通ポルトランドセメントを用い粗骨材の最大寸法 16 mm，水セメント比を 35 % および 50 % とし，スランプ約 10 cm，空気量約 5.5 % である．

供試体は，250×250 mm 高さ 125 mm の直方体であって，材齢 28 日まで表-4.33 に示す各種の方法で養生した後，1年間気中に曝露し，水密性を検討した．

供試体の養生方法は，表-4.33 に示すように，脱型材齢を 0，1，3 日とし，5日間水中，プラスティックホイルでカバー，または気中(RH 50 %)とした後，23〜20 日間(合計 28 日)とした(脱型材齢 0 日は供試体の上面を透水試験時の水圧面としたものである)．

供試体の曝露条件は次の2通りである．
・気中曝露(降雨，降雪を受ける)．

表-4.33 供試体の養生方法

養生のタイプ	脱型までの期間(日)	水中養生(日)	プラスチックホイルでカバー(日)	気中(RH=50%)(日)	20℃での養生時間 t_{20}(h)
W_0	0	5	0	23	120
PF_0	0	0	5	23	120
A_0	0	0	0	28	0
W_1	1	5	0	22	144
PF_1	1	0	5	22	144
A_1	1	0	0	27	24
W_3	3	5	0	20	192
PF_3	3	0	5	20	192
A_3	3	0	0	25	72

注) W：水中養生，PF：プラスチックホイルカバー
A：RH 50 % の気中
0, 1, 3 は脱型材齢

・気中曝露，ただし降雨，降雪に対し非曝露．

このほかに参考供試体として，20℃，湿度65 % の試験室内に置く．

曝露試験場付近の年平均気温(1991)は約6℃，最高気温は +17℃(7月)，最低気温は －3℃(2月)，湿度は90%(1月)～65 %(6月)の範囲である．

(2) 浸透試験方法

供試体の試験表面(250×250 mm)は，直径170 mm の円形部に 0.8±0.03 MPa の水圧を24時間加えた後，供試体を中心線に沿って割裂し，水の最大浸透深さを測定する．なお，試験時の供試体の含水率を測定するため，試験前に供試体の質量を測定し，試験後割裂した供試体を 105℃で乾燥し，絶乾質量を測定する．

(3) 試験結果

浸透試験の結果を表-4.34に示す．表-4.34より，

① 水セメント比35 % の場合は，50 % の場合に比べ，浸透性は相当に小さく，とくに「降雨にも曝露の場合」は，供試体の養生条件にかかわらず浸透深さは著しく小となる．

したがって，年間総雨量 800 mm 程度，湿度65 % 程度以上の地域では，水セメント比の低減により水密コンクリートを安定的に造ることができる．

② 水セメント比50 % のコンクリートについては，試験結果全体として水中養生が有利であり，プラスチックホイルでカバーと，RH 50 % の気中(養生な

4.3 コンクリートの施工方法の影響

表-4.34 浸透試験結果(最大浸透深さ:mm)

曝露と養生状況		表 面		底 面	
		脱型までの日数		脱型までの日数	
		0日	0日	1日	3日
		$W/C=0.35$	$W/C=0.50$	$W/C=0.50$	$W/C=0.50$
EXP	W	2	26	16	24
	PF	2	40	33	35
	A	2	73	27	35
PROT	W	6	46	26	56
	PF	4	>125	>125	82
	A	31	>125	>125	>125
LAB	W	19	67	48	64
	PF	30	115	125	93
	A	35	>125	125	>125

注) EXP:降雨にも曝露, PROT:降雨に非曝露, LAB:試験室内
養生方法 W:水, PF:プラスティックホイルカバー, A:RH 50%の気中

し)との差異は少ないことが認められる.

曝露条件の影響は,「降雨にも曝露」の場合に浸透深さは最も少なく,乾燥環境に置かれたものが大きい.そのため,試験時における供試体の含水率を測定した結果を表-4.35 に示す.

表-4.35 浸透試験時の供試体の含水率

曝露と養生状況		表 面		底 面	
		脱型までの日数		脱型までの日数	
		0日	0日	1日	3日
		$W/C=0.35$	$W/C=0.50$	$W/C=0.50$	$W/C=0.50$
EXP	W	3.6	4.5	4.2	4.2
	PF	3.6	3.6	4.2	4.1
	A	3.1	3.4	4.2	4.3
PROT	W	3.1	3.9	3.7	3.6
	PF	3.1	3.5	3.5	3.5
	A	3.0	2.6	2.4	3.3
LAB	W	2.9	3.1	2.9	3.1
	PF	2.9	2.8	2.7	2.9
	A	2.6	2.2	2.5	3.0

注) EXP:降雨にも曝露, PROT:降雨に非曝露, LAB:試験室内
養生方法 W:水, PF:プラスティックホイルカバー, A:RH 50%の気中

表-4.35 より，含水率は一般に乾燥環境に置かれたものが低いが，一方，水中養生とプラスティックホイルでカバーしたものは含水率に差異は少ないが，浸透深さはかなり相違し，供試体の乾燥度だけから浸透性を説明することはむずかしい．

4.3.3 打継目の水密性

水に接するコンクリート構造物，たとえば水槽の壁，トンネルの巻立などからの漏水は大部分打継目部から起こっており，また，とくに水密を要する構造物でない場合でも，打継ぎ部が水密的でない場合は，そこから水が浸入して構造物の耐久性を減じたり，鉄筋を錆びさせたりするので，水密的な打継目を造ることはきわめて重要である．しかし，従来打継目の水密性について定量的に論じたものはほとんどない．これは，打継目の水密性を数量評価するための適当な試験方法がみあたらないことによるのであろう．

以下は，直径と軸を含む面を打継ぎ面とする円柱供試体を用い，高圧浸透試験を適用して拡散係数によって種々の施工法による打継目の水密性を数量評価したものである[1]．

(1) 供 試 体

水平打継目を有する供試体の作製には，直径 200 mm，高さ 200 mm の円筒形型枠の上面に蓋を付け，側面全高にわたって幅約 60 mm の開口部を設けたものを用いる．まず，開口部のない半円形型枠を水平に据えて旧コンクリートを打ち込み，打継ぎ面を所定の方法で処理した後，上部に開口部をもつ半円形型枠を組み立て，新コンクリートを打ち込む．また，比較に用いた打継目のない供試体は，円筒形に組み立てた上記の型枠を水平に据えて，開口部からコンクリートを打ち込む．したがって，水平打継目に関連する供試体では，水圧はすべて打込み方向に直角に作用する．鉛直打継目を有する供試体の作製には，直径 200 mm，高さ 200 mm の円筒形型枠を垂直に据え，直径と軸を含む面に仕切りを設けて旧コンクリートを打ち込み，打継ぎ面を所定の方法で処理した後，新コンクリートを打ち込んでいる．打継目のない供試体は，上記の型枠を垂直に据えて作製しているので，鉛直打継目に関連する供試体では，水圧はすべてコンクリートの打込み方

向に平行に作用する．なお，旧コンクリートの打継ぎ面を処理する時期は打込み後約 24 時間とし，打継ぎ面を処理した後，直ちに新コンクリートを打ち込み，新コンクリートの材齢 28 日において高圧浸透試験(試験水圧打継目を有するもの 0.49 MPa または 0.98 MPa，打継目を有しないもの 1.96 MPa，試験時間 48 時間)に供している．

(2) 水平打継目の水密性

表-4.36 は，粗骨材の最大寸法 25 mm，水セメント比 55 %，スランプ約 7.5 cm および水セメント比 68 %，スランプ約 10 cm のコンクリートを用い，次の 4 通りの施工方法による水平打継目の拡散係数と打継目を有しないものの拡散係数を比較した．

表-4.36 打継ぎ方法と水平打継目の水密性の関係(供試体個々の試験値を示す)

コンクリートの配合	粗骨材の最大寸法＝25 mm 単位セメント量＝296 kg/m³ 単位水量＝163 kg/m³ 水セメント比＝55 % 細骨材率＝42 % スランプ＝7.5 cm	粗骨材の最大寸法＝25 mm 単位セメント量＝260 kg/m³ 単位水量＝177 kg/m³ 水セメント比＝68 % 細骨材率＝45 % スランプ＝10 cm
打継ぎ方法	拡散係数 $\beta_0^2 \times 10^{-8}$ (m²/s)	拡散係数 $\beta_0^2 \times 10^{-8}$ (m²/s)
(1) 旧コンクリート打継ぎ面のレイタンスをタワシで洗い落して打ち継ぐ	70.4 93.9 78.7 } 71.9 (4.13) 44.8	—
(2) 旧コンクリート打継ぎ面をワイヤーブラシで約 2 mm 削り取って粗にし，コンクリート中のモルタルを約 8 mm 厚さに塗って打ち継ぐ	12.9 27.8 18.4 } 19.6 (1.13) 14.2	50.3 38.5 } 44.4 (1.08)
(3) (2)と同様な方法で打ち継ぎ 2 時間後再振動締固めを行う	13.5 7.8 31.2 } 15.8 (0.90) 10.5	
(4) 旧コンクリート打継ぎ面をワイヤーブラシで約 2 mm 削り取って粗にし，水セメント比 32 % のセメントペーストを約 5 mm 厚さに塗って打ち継ぐ	—	12.1 13.7 18.4 } 17.9 (0.44) 27.3
打継目を有しないもの	18.9 13.7 } 17.4 (1.00) 19.5	40.8 37.4 } 40.8 (1.00) 44.1

① 旧コンクリート打継ぎ面のレイタンスを水洗いして除去し，表面のみ乾いた状態として打ち継ぐもの．
② 旧コンクリート打継ぎ面をワイヤーブラシで約 2 mm 削り取って粗にし，表面のみ乾いた状態とし，コンクリート中のモルタルを約 8 mm 厚さに敷きならして打ち継ぐもの．
③ ②と同様な方法で打ち継ぎ，2時間後に再振動締固めを行うもの．
④ 旧コンクリート打継ぎ面をワイヤーブラシで約 2 mm 削り取って粗にし，表面のみ乾いた状態とし，水セメント比 32％のセメントペーストを約 5 mm 厚さに塗って打ち継ぐもの．表-4.36 に示すように，旧コンクリート打継ぎ面のレイタンスを洗い落しただけで新コンクリートを打ち継いだ場合，その水密性は打継ぎ目を有しないものより相当に低下するが，旧コンクリートの品質の悪い部分を取り除き，打継ぎ面にモルタルまたはセメントペーストを塗布し，直ちに新コンクリートを打ち継げば，打継目を有しないものと同程度の水密性が得られる．すなわち，モルタルを敷いて打ち継いだ場合およびこれに再振動締固めを行った場合の拡散係数は，打継目を有しないものの 100％前後となっている．一方，打継ぎ面にセメントペーストを塗布して打ち継いだ場合は，拡散係数は打継目を有しないものの 1/2 以下となっている．これは，セメントペーストをやや厚めに塗布したため，水圧を加えた後，供試体を割裂したとき，破面はセメントペースト部分に生じ，したがってこの拡散係数試験値はセメントペースト層内における値なのである．試験終了後，新旧コンクリートからセメントペーストを剥ぎ取って水の浸透状況を調べたところ，浸透深さは打継目を有しないものとほぼ同等であった．

以上のように，スランプ 10 cm 程度以下のプラスチックなコンクリートの場合でも，その水平打継目において，打ち継ぎ面を水洗いしただけで新コンクリートを打ち継いだ場合の水密性が大幅に低下する．これは，旧コンクリートの材料の分離によって打継面のコンクリートの品質が著しく悪くなり，満足な打継目を造り得ないことを示している．したがって，打継目の施工にあたっては，まず材料の分離ができるだけ少ないように旧コンクリートを造り，十分に養生することがきわめて大切である．しかし，いかに注意しても材料の分離は避けられないため，旧コンクリートの上部の品質が悪い部分をサンドブラスト

などにより取り除いてから打ち継ぐことが必要となる．

(3) 鉛直打継目の水密性

表-4.37 は，(2)に述べたと同じ 2 種の配合のコンクリートを用い，同様な 4 通りの施工方法による鉛直打継目の拡散係数と打継目を有しない場合の拡散係数

表-4.37 打継ぎ方法と鉛直打継目の水密性の関係(供試体個々の試験値を示す)

コンクリートの配合	粗骨材の最大寸法＝25 mm 単位セメント量＝296 kg/m³ 単位水量＝163 kg/m³ 水セメント比＝55 % 細骨材率＝42 % スランプ＝7.5 cm	粗骨材の最大寸法＝25 mm 単位セメント量＝260 kg/m³ 単位水量＝177 kg/m³ 水セメント比＝68 % 細骨材率＝45 % スランプ＝10 cm	水圧の加え方
打継ぎ方法	拡散係数 $\beta_a^2 \times 10^{-8}$ (m²/s)	拡散係数 $\beta_a^2 \times 10^{-8}$ (m²/s)	
(1) 旧コンクリート打継ぎ面のレイタンスをタワシで洗い落して打ち継ぐ	供試体 4 個のうち 3 個は 0.49 MPa の水圧を 5～10 分加えたとき，ほかの 1 個は供試体上部に水を満たしたとき継目から漏水した	—	打ち込んだときの供試体の底面から加える
(2) 旧コンクリート打継ぎ面をワイヤーブラシで約 2 mm 削り取って粗にし，コンクリート中のモルタルを約 8 mm 厚さに塗って打ち継ぐ	11.7 11.3 13.0 20.4 } 14.1 (1.10)	32.8 26.0 } 29.4 (0.77)	
(3) (2)と同様な方法で打ち継ぎ 2 時間後再振動締固めを行う	12.5 12.6 11.3 29.7 } 16.5 (1.28)	—	
(4) 旧コンクリート打継ぎ面をワイヤーブラシで約 2 mm 削り取って粗にし，水セメント比 32 % のセメントペーストを約 5 mm 厚さに塗って打ち継ぐ	—	19.1 11.7 8.5 11.8 } 12.8 (0.33)	
打継目を有しないもの	8.8 13.4 17.4 11.6 } 12.8 (1.00)	40.7 33.8 41.2 37.6 } 38.3 (1.00)	
(2) と同じ	39.4 45.0 51.7 } 45.3 (3.54)	—	打ち込んだときの供試体の底面から加える

を比較したものである．

この試験結果によれば，打継ぎ面を水洗いしただけで新コンクリートを打ち継いだ場合は，供試体4個のうち3個は0.49 MPaの水圧を5～10分加えたとき，残りの1個は供試体の上面に水を張っただけで，まだ水圧を加えないうちに打継目から漏水し，水密性はほとんどなかった．これは，旧コンクリート打継ぎ面が平面であるために，新コンクリート中の水が打継ぎ面に沿って上昇しやすく，多数の水みちが発生し，打継目の動水抵抗がほとんどなくなったことによるのであろう．

旧コンクリート打継ぎ面をワイヤーブラシで粗にし，モルタルまたはセメントペーストを塗って新コンクリートを打ち継いだ場合の打継目の水密性は，打継目を有しないコンクリートとほぼ同等となる．しかし，この試験値は打ち込んだときの供試体の低面から水圧を加えた場合の値であって，上面から水圧を加えた場合の拡散係数は，表-4.37の最下欄に示すように，低面から水圧を加えた場合の大約3倍となっている．プラスチックなコンクリートで造った高さわずか200 mmの供試体の打継目ですら，上部と下部にかなりの水密性の差が生じたのであるから，実構造物の鉛直打継目においては上部の水密性の低下が著しいものと思われる．したがって，鉛直打継目の施工にあたっては，旧コンクリート打継ぎ面を粗にしてモルタルまたはセメントペーストを塗布してできるだけ材料の分離が少ないように新コンクリートを打ち継ぐことが重要である．このように，施工しても打継目の上部における水密性の低下は避けられないので止水版などを用いる必要がある．

文　献

1) 村田二郎：コンクリートの水密性の研究，土木学会論文集，第77号，1961.11
2) 常山源太郎：スラグの細かさと高炉セメントモルタルの毛細管吸水量：セメントコンクリート，No. 145，1959.3
3) Powers, T. C., Copeland, L. E., Hayes, J. C. & Mann, H. M.: Permeability of Portland Cement Paste., ACI Journal, 1954, 11
4) 村田二郎：軽量コンクリートの水密性および軽量鉄筋コンクリート桁の曲げおよびせん断試験について，構造用軽量コンクリートシンポジウム論文集，土木学会コンクリートライブラリー，10号，1970.6
5) 村田二郎・越川茂雄・伊藤義也：コンクリートにおける加圧浸透流に関する研究，コンクリート工学論文集，2000.1
6) 田麦典房：コンクリート用耐久性向上混和剤，新都市開発，1992.7

7) 山崎寛司：鉱物質微粉末がコンクリートの諸性質におよぼす影響，日本セメント㈱研究所要報，第172号，1957.11
8) Naik, Tarun, Singh, R., Shiw, S. and Hossain, Mohammad M.: Permeability of concrete containing large amounts of fly ash, Cement and Concrete Research, Vol. 24, No. 5, 1994
9) 大塩明・曽根徳明・松井淳：各種微粉末混和材がコンクリートの諸性質に及ぼす影響，セメント技術年報，41，1987
10) Koshikawa, S. Itoh, Y. Takada, M. Seki, H. and I, T.: Watertightness of silica fume concrete under pressurized seepage flow, 2001. 8
11) 河野清・栗飯原史朗・大西修：シリカフュームおよび高炉スラグ微粉末の製品用コンクリートへの使用，土木学会第42回学術講演会講演集，1987.9
12) 矢野直・吉井悟：CSAを用いたコンクリートタンクの施工例，コンクリートジャーナル，7月号，1972
13) 村田二郎・大塚茂雄・国府晴郎：膨張セメントコンクリートの細孔分布と水密性および付着強度，土木学会コンクリートライブラリー第39号，膨張性セメント混合材を用いたコンクリートに関するシンポジウム，1974.10
14) 増田隆・岡米男・木曽茂：鋼橋における膨張コンクリート床版の特性，日本道路公団試験所報告，Vol. 27, 1990
15) Ruettgers, E., Vidal, N. & Wing, S. P.: A Investigation of the Permeability of Mass Concrete with Particular Reference to Bouder Dam, ACI Journal, March–April, 1935
16) 関裕司・越川茂雄・伊藤義也：空気量が水密性に及ぼす影響に関する研究，日本大学生産工学部第32回学術講演会土木部会講演概要，1999.12
17) Huseyin Saricimen, Mohammed Maslehuddin, Abdulhamid J. Al-Tayyib and Abdulaziz I. Al-Mana: Permeability and Durability of Plain and Blended Cement Concretes Cured in Field and Laboratory Conditions, ACI materials, journal, March, April, 1995
18) Ewertson, C. and Petersson, P. E.: The influence of curing conditions on the permeability and durability of concrete, Results from a filed exposire test, CEMENT and CONCRETE RESEARCH, Vol. 23, 1993

第5章　現場コンクリートの水密性

5.1　概　　説

　第4章までに述べたように，コンクリートの水密性については，今日までの研究により，コンクリート中の水の流れの種類およびそれらの流れの機構，浸透流および透過流の解析方法などが明らかになり，さらにそれらの種々の流れに対応する試験方法が確立し，これらの試験結果も蓄積され，コンクリートの水密性の全貌が次第に明らかになってきている．

　しかし，これらの成果は，試験室でコンクリートを入念に打ち込み，締め固めた小型供試体の試験結果に基づくもので，これと構造物に打ち込まれた現場コンクリートの水密性との関係はほとんど明らかにされていない．本来，水密コンクリート構造物の設計，施工上必要な資料は，小型供試体の試験結果ではなく，現場コンクリートの水密性試験値であることはいうまでもない．

　小型供試体のコンクリートと現場コンクリートの相違点は，前者ではコンクリートの打込み後，骨材粒子の沈降や水の上昇が相当に抑制されるが，後者では比較的自由に分離が生じ，そのため粗骨材とモルタルの界面に連続した大きい水膜や粗骨材の下側に粗なモルタル層の発生，モルタル中の水みちの形成などが顕著に

起こる点であって,これらが現場コンクリートの水密性を大きく減少させると考えられる.

本章には,小型供試体の水密性と構造物に打ち込まれた現場コンクリートの水密性の関係を明らかにするために,小型供試体と現場コンクリートから採取したコアの透水試験を実施し,検討した結果が述べられている.試験は次の2部からなっている.

① 小型供試体(標準供試体)の水密性とコアの水密性の関係に影響する要因を検討するために,擬似現場コンクリートとして一辺約2mの大型平板試験体を用い,振動締固め条件を単純化して,打込み時の締固め度における水密性を一般化して論ぜられるようにし,コンクリートの分離に影響する要因として,スランプ(単位水量),分離低減剤および人工軽量骨材の使用を取り上げている.
② 通常の施工状態における関係を得るために,主として実構造物から採取したコアと標準供試体の水密性を比較検討している.

なお,コンクリートの水密性は流れの機構が異なる高圧浸透試験と毛管浸透試験によって評価されている.

5.2 大型平板試験体(擬似現場コンクリート)から採取したコアによる検討

コンクリートの水密性は,打込み時の締固め度の影響を大きく受けるから,締固め過程で振動波の方向や大きさが複雑な実構造物について検討する前に,まずコンクリート各部の締固め度を数量的に把握できるようにした擬似現場コンクリートの水密性について検討した.

すなわち,十分大きい平板試験体の中心に振動特性が既知の内部振動機を所定時間挿入して,振動の伝播状態を単純化し,コンクリートの硬化後,振動源から各距離におけるコアの圧縮強度を測定し,締固め有効範囲を求め,このゾーンにおけるコアの水密性を平板試験体と同様な養生を行った標準供試体の水密性と比較検討している.

この場合,コンクリート各部の締固め度は,その点の総振動エネルギー(また

は総仕事量)で表している．
これは，総振動エネルギー
によって締固め度(たとえ
ば圧縮強度で表現)が一義
的に定まることが明らかに
されているからである(図-
5.1[1] 参照)．

総振動エネルギーは，t
秒間の振動エネルギーの総
和であって次式で表される．

$$W_R = \rho \pi^2 a^2 f^2 t \qquad \cdots\cdots\cdots (3.1)^{注1)}$$

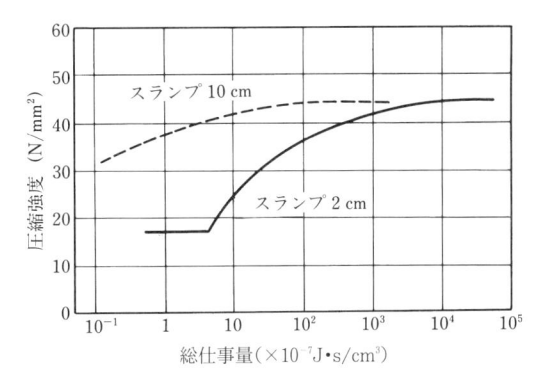

図-5.1 総振動エネルギーと締固め度との関係の例

ここに，
- W_R ：総振動エネルギーまたは総仕事量($\times 10^{-7}$ J・s/cm^3)
- ρ ：コンクリートの単位容積質量(g/cm^3)
- a ：振幅(cm)
- f ：振動数(Hz)
- t ：振動時間(s)

よって，平板試験体において振源から各距離に加速度計を埋設して，コンクリートの応答加速度を測定し，締固め有効範囲の総振動エネルギーを計算して，締固め度の一般化をはかっている．

そして，標準供試体の水密性試験結果と現場コンクリートの水密性試験結果との間に差異が生じる主な原因は，打込み後の材料分離(粒子の沈降および水の上昇)に起因するコンクリート組織の変化と考えられるから，顕著に影響する要因として，スランプ(単位水量)の変化，水の粘性を増加する分離低減剤の使用および粒子沈降がほとんど認められない人工軽量骨材の使用を取り上げ，これらの影響を検討したのである．

注1) コンクリート振動機の振動波形は，ごく特殊なものを除いて正弦波である．正弦波は，質点P，Pが振幅aに等しい半径の円周上を等速運動する場合の縦距uを縦軸に，時間tを横軸にとって描いた波形であって次式で表される(付図-1参照)

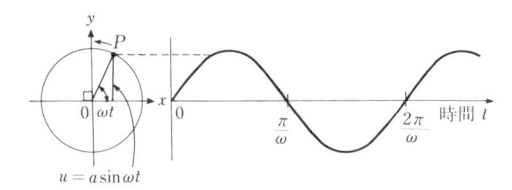

付図-1　正弦波

$$u = a\sin\omega t \qquad \cdots\cdots(1)$$

ここに，ω：角速度

$$速度\ v = \frac{dv}{dt} = a\omega\cos\omega t \qquad \cdots\cdots(2)$$

運動エネルギー式 $W = \frac{1}{2}mv^2$（ここに，m：質量，v：速度）に式(2)を代入して，

$$W = \frac{1}{2}m(a\omega\cos\omega t)^2 \qquad \cdots\cdots(3)$$

1サイクルの振動エネルギーの合計(1サイクルは$2\pi/\omega$秒)

$$W_R(1\text{サイクル}) = \int_0^{\frac{2\pi}{\omega}} W dt$$

$$= \frac{1}{2}ma^2\omega^2 \int_0^{\frac{2\pi}{\omega}} \cos^2(\omega t)dt$$

$$= \frac{1}{2}m\pi a^2\omega \qquad \cdots\cdots(4)$$

t秒間(ftサイクル)の総振動エネルギーは

$$W_R(\times 10^{-7}\text{J}\cdot\text{s/cm}^3) = \frac{1}{2}m\pi a^2(2\pi f)\cdot ft$$

$$= m\pi^2 a^2 f^2 t \qquad \cdots\cdots(5)$$

$$W_R(\times 10^{-7}\text{J}\cdot\text{s}) = m\pi^2 a^2 f^2 t \qquad \cdots\cdots(6)$$

コンクリートの単位容積質量当たりの総振動エネルギーは，

$$W_R(\times 10^{-7}\text{J}\cdot\text{s/cm}^3) = \rho\pi^2 a^2 f^2 t \qquad \cdots\cdots(7)$$

5.2.1　材料，配合および試験方法

1. 使用材料の主な特性

　セメントは，密度 3.15 g/cm³，ブレーン比表面積 3 300 cm²/g の普通ポルトランドセメントである．

　普通骨材は，密度 2.60 g/cm³，粗粒率 2.87 の山砂，および密度 2.70 g/cm³，粗粒率 6.64，実績率 61％ の砕石 2005 である．

　人工軽量骨材は，細粗とも非造粒型膨張頁岩 MA-417 に区分されるもので，

細骨材は絶乾密度 1.66 g/cm³，表乾密度 1.89 g/cm³，吸水率 14％，粗粒率 2.79 で，普通細骨材の粒度に近似する．粗骨材は，最大寸法 15 mm，絶乾密度 1.21 g/cm³，表乾密度 1.64 g/cm³，吸水率 29.5％，実績率 60％，粗粒率 6.26 で，実績率，粗粒率ともに普通粗骨材に近似する．

分離低減剤は，水溶性高分子エーテルとリグニン系遅延剤を主成分とする水中不分離性混和剤を用いている．ただし，水中不分離性混和剤の標準使用量は，7 kg/m³ であるが，この場合は使用量をセメント質量の 1％(2.83 kg/m³) として一般気中コンクリートの分離低減剤として用いたのである．

2. コンクリートの配合

スランプおよび分離低減剤の影響に関する実験に用いたコンクリートは，普通骨材を用い，スランプを 2, 6, 11 cm としたもの(N-2, N-6 および N-11)，分離低減剤を用いてスランプを 11 cm としたもの(LP-11)の 4 種であって，水セメント比はすべて 53％，AE 減水剤を用い，空気量は 3～4％ である．

次に，軽量骨材コンクリートに関する実験に用いたコンクリートは，細粗とも人工軽量骨材を用いたスランプ 7 cm および 12 cm のもの(MM-7, MM-12)，および粗骨材のみ人工軽量骨材を用い，スランプを 7 cm としたもの(MN-7)，の 3 種であって，水セメント比はすべて 53％，AE 減水剤を用い空気量は 3～4％ である．

これらのコンクリートの配合を**表-5.1**に示す．

表-5.1 コンクリートの配合

区 分	記 号	粗骨材の最大寸法(mm)	スランプ(cm)	空気量(cm)	水セメント比(％)	細骨材率(％)	単 位 量(kg/m³)				AE減水剤(cc)	分離低減剤(kg)
							水	セメント	細骨材	粗骨材		
実 験 ① 普通コンクリート	N-2	20	2	3.5	53	46	134	253	905	1 102	633	—
	N-6		6				141	266	892	1 085	665	—
	N-11		11				150	283	874	1 064	708	—
	LB-11		11			56	159	283	863	1 050	—	2.83
実 験 ② 軽量骨材コンクリート	MM-7	15	7	3.5	53	55	161	304	(386)	(316)	760	—
	MM-12		12			53	170	321	(378)	(310)	803	—
	MN-7		7			49	157	296	977	(333)	741	—

( )値の単位量は ℓ/m³ である．

3. 大型平板試験体および標準供試体の作製

(1) 大型平板試験体の作製

内側寸法 2 000×2 000 mm，深さ 300 mm の木製型枠の内面に厚さ 10 mm の発泡スチロール吸収板を貼付する．したがって平板試験体の寸法は 1 980×1 980 mm，厚さ 290 mm である．

コンクリートは，2 層に分けて打ち込む．すなわち，第 1 層の厚さ約 150 mm を打ち込み，表面を平らにし，図-5.2 に示すように平板の中心を原点とする X-Y 軸に沿って 90 mm 間隔にひずみ型加速度計を合計 20 台（容量 10〜50 G）埋設した後，第 2 層を打ち込む．

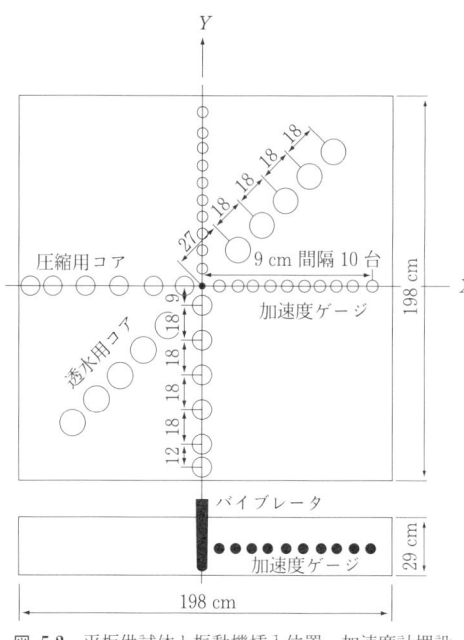

図-5.2 平板供試体と振動機挿入位置，加速度計埋設位置およびコア採取位置

振動機は，平板試験体の中心の 1 点に深さ 250 mm まで挿入する．振動棒の先端から 100 mm（加速度計の埋設位置と同じレベル）における無負荷時の振動機の加速度は，棒径 51 mm のものは 90 G，棒径 40 mm のものは 76.5 G である（振動機全体の重心と回転重錘の重心位置が相違するので，振動機の加速度は振動棒の先端で最大となり，上方に向かってほぼ直線的に減少する）．

試験体の養生は，シート被覆による現場養生である．

(2) 標準供試体の作製

標準供試体は，圧縮強度試験用の $\phi 100\times 200$ mm と透水試験用の $\phi 150\times 300$ mm であって，平板試験体と同時に作製し，平板試験体の近傍に静置し，同様な現場養生を行っている．

(3) コアの採取

コアの採取は，材齢 4 週において行い，その採取位置は，図-5.2 に示すように圧縮強度試験用は振源から $-X$ および $-Y$ 方向に 90，270，450，630，810，

930 mm の 6 点,透水試験用は対角線方向に 270, 450, 630, 810, 990 mm の 5 点である.

コアは,圧縮強度試験用は $\phi 100 \times 200$ mm,透水試験用は $\phi 150 \times 270$ mm に成形している.

4. 透水試験方法
(1) 毛管浸透試験方法

材齢 4 週で採取したコア($\phi 150 \times 270$ mm)および標準供試体($\phi 150 \times 300$ mm)を 48 時間水中に浸漬した後,45 ℃,湿度 35 ％ の室内で 14 日間乾燥し,コンクリートの打込み時の下方を接水面として鉛直上向き浸透流による毛管浸透試験を行っている.すなわち,浸透開始後,3,6,9,24,30 および 48 時間において高周波水分計を用い浸透高さを測定し,毛管浸透係数 K_c を算定した.

(2) 浸透深さ試験方法

毛管浸透試験を終了した供試体を 48 時間水中に浸漬した後,供試体の高さの中央で切断して 2 個に分割し,20 ℃,湿度 65 ％ の室内で 7 日間乾燥し試験に供している.水圧は 0.98 MPa,試験時間は 48 時間である.

5.2.2 コンクリートのスランプおよび分離低減剤の影響に関する実験

振動機の振動時間は,すべてのコンクリートに対し,30 秒とし振動機の挿入および引抜きのためにさらに 3～4 秒を要している.

表-5.2 に,平板試験体における振源からの距離と総振動エネルギーならびに標準供試体に対する圧縮強度比,拡散係数比および毛管浸透係数比の試験結果を示す.そして図-5.3 は,振源からの距離と標準供試体に対するコアの圧縮強度比を示している.標準供試体は,ほぼ完全な締固めの状態にあると考えることができるから,現場コンクリートの圧縮強度が標準供試体強度の 90 ％ 以上に達していれば,実用上満足な締固めが行われたと考えてよい.したがって,振動機の周囲で圧縮強度比が 0.90 以上となるゾーンは,その振動条件に対する締固め有効範囲と考えることができる.

第5章 現場コンクリートの水密性

表-5.2 圧縮強度・透水および振動試験結果(普通コンクリート)

スランプ (cm)	項目	標準供試体	振源からの距離(m)					
			0.09	0.27	0.45	0.63	0.81	0.9993
2	W_R	−	5 961	374	82.1	5.83	2.71	0.61
	β_0^2	20.0 (1.00)	−	70.09(3.51)	122.9 (6.16)	透過	透過	299.3(14.96)
	K_C	5.91(1.00)	−	17.45(3.04)	17.13(2.98)	15.6 (3.21)	13.27(3.12)	12.30(3.13)
	圧縮強度	34.2 (1.00)	30.4(0.89)	32.1 (0.94)	29.1 (0.85)	23.3 (0.68)	20.4 (0.60)	11.5 (0.34)
6	W_R	−	5 848	759	71.1	28.7	3.62	0.78
	β_0^2	17.3 (1.00)	−	129.5 (7.49)	54.4 (3.15)	70.9 (4.10)	41.9 (2.42)	54.3 (3.14)
	K_C	6.36(1.00)	−	17.01(2.74)	15.47(2.66)	16.77(2.81)	15.64(2.77)	15.89(2.82)
	圧縮強度	36.7 (1.00)	−	36.7 (1.00)	34.3 (0.94)	35.0 (0.95)	32.9 (0.90)	21.0 (0.57)
11	W_R	−	836	446	251	103	28.3	10.1
	β_0^2	16.6 (1.00)	−	68.6 (4.13)	79.9 (4.81)	108.9 (6.55)	115.3 (6.94)	69.0 (4.15)
	K_C	5.00(1.00)	−	13.03(2.71)	12.95(2.78)	14.08(2.76)	12.92(2.81)	13.08(2.78)
	圧縮強度	28.0 (1.00)	27.4(0.98)	28.7 (1.02)	27.9 (1.00)	28.0 (1.00)	27.0 (0.96)	27.2 (0.97)
分離低減剤 11	W_R	−	160	27.5	3.80	1.52	0.58	0.34
	β_0^2	14.6 (1.00)	−	−	56.3 (3.85)	65.3 (4.46)	58.9 (4.03)	41.4 (2.74)
	K_C	5.15(1.00)	−	8.19(1.62)	6.29(1.35)	7.04(1.55)	9.24(1.85)	7.17(1.53)
	圧縮強度	36.0 (1.00)	31.4(0.87)	29.9 (0.83)	31.2 (0.87)	30.4 (0.85)	30.9 (0.86)	29.6 (0.87)

W_R:総振動エネルギー($\times 10^{-7}$ J・s/cm^3)
β_0^2:拡散係数($\times 10^{-8}$ m^2/s)
K_C:毛管浸透係数($\times 10^{-8}$ m^2/s)
圧縮強度(N/mm^2)
( )値:標準供試体試験値との比

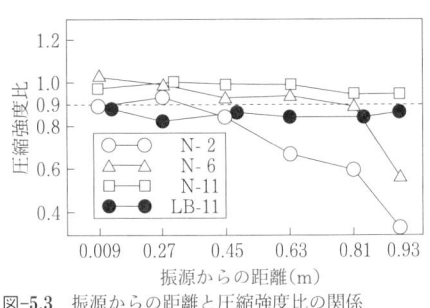

図-5.3 振源からの距離と圧縮強度比の関係 (普通コンクリート)

実施工においては,振動機の挿入間隔や振動時間は,締固め有効範囲に基づいて定められるため,現場コンクリートの水密性の評価もこのゾーンにおける試験値によって行うのが適切と考えられる.

図-5.3 に示すように,圧縮強度に基づく締固め有効範囲はスランプが大きいほど大となり,スランプが2cmの場合は振源から約0.3m,スランプ6cmの場合は振源から約0.8m,スランプ11cmの場合は振源から1m以上となっている.これらの有効範囲における最小の総振動エネルギーは,それぞれ370×

10^{-7},3.6×10^{-7}および10.1×10^{-7}J・s/cm^{3}となっており，スランプ11cm程度のコンクリートの場合は小さな振動によって十分締め固められることがわかる．

分離低減剤を用いてスランプを11cmとしたコンクリートの場合は，全域にわたって圧縮強度比は0.85前後で，粘性増加に対してやや締固め不足となった．

現場コンクリートの透水性は，予想以上に大きい．すなわち，表-5.2に示すように，同じ振動条件による締固め有効範囲における標準供試体に対する拡散係数比は，スランプ2cmのコンクリートの場合は約3.5，スランプ6cmの場合は2.4〜7.5，平均約4.3，スランプ11cmの場合は4.1〜6.9，平均約5.3となり，スランプが大きいほど大となる傾向を示している．また，分離低減剤を用いてスランプを11cmとしたコンクリートは2.7〜4.5，平均3.8となり，分離低減剤の効果が認められる（水セメント比40〜60％，スランプ15cmのコンクリートにおいて，分離低減剤を3kg/m^{3}以上用いた場合，ブリーディングは0となっている）．

このように，現場コンクリートにおいては，材料分離による粗骨材下方の多孔層やブリーディングによる水みちの形成が加圧浸透性に支配的な影響を与えること，およびスランプ2cmのコンクリートの実験に代表されるような硬練りコンクリートの場合には締固め不足により水密機能を失い，決定的な影響を受けることがあり，これらは強度特性と大きく相違する点である．

次に，標準供試体に対する毛管浸透係数比はスランプ2cmの場合約3.0，スランプ6cmおよび11cmの場合は平均約2.8で，スランプによる差異はほとんど認められない．また，分離低減剤を用いてスランプを11cmとしたコンクリートの場合は平均約1.6となっており，ほとんどブリーディングに依存することを示唆している．

5.2.3 軽量骨材コンクリートに関する実験

軽量骨材コンクリートに関する実験結果を表-5.3に示す．軽量骨材コンクリートの振動締固めについては，従来，系統的な研究が乏しく，この実験でも振動機の性能や振動時間について事前の調査が不充分のため，表-5.3に示すように全般的に締固め不足となっている．すなわち，MM-12の場合は，振動時間45秒

表-5.3 圧縮強度・透水および振動試験結果(軽量骨材コンクリート)

スランプ (cm)	項目	標準供試体	振源からの距離(m)					
			0.09	0.27	0.45	0.63	0.81	0.9993
MM-7	W_R	—	194.5	51.8	5.98	0.70	0.57	0.29
	β_0^2	2.95(1.00)	—	5.72(1.94)	4.54(1.54)	4.31(1.46)	4.27(1.45)	3.70(1.25)
	K_C	11.46(1.00)	—	10.27(1.30)	13.28(1.69)	12.94(1.70)	17.49(2.01)	10.26(1.31)
	圧縮強度	40.8 (1.00)	33.0(0.81)	30.0 (0.74)	30.4 (0.75)	28.2 (0.69)	26.6 (0.65)	17.7 (0.43)
MM-12	W_R	—	159.8	27.5	3.80	1.52	0.58	0.34
	β_0^2	3.21(1.00)	—	3.78(1.18)	3.02(0.94)	4.16(1.30)	4.00(1.25)	3.99(1.24)
	K_C	10.92(1.00)	—	20.57(2.15)	18.73(1.99)	18.80(2.07)	12.10(1.37)	17.61(2.01)
	圧縮強度	39.3 (1.00)	36.5(0.93)	31.8 (0.81)	31.0 (0.79)	32.9 (0.84)	31.7 (0.81)	27.9 (0.71)
MN-7	W_R	—	358.5	65.6	1.15	1.48	0.20	0.20
	β_0^2	9.07(1.00)	—	8.15(0.90)	9.30(1.02)	9.80(1.08)	9.51(1.05)	9.23(1.02)
	K_C	8.00(1.00)	—	13.11(1.69)	13.64(1.88)	7.53(1.05)	5.79(0.82)	9.01(1.36)
	圧縮強度	37.8 (1.00)	34.1(0.90)	31.7 (0.84)	29.8 (0.79)	29.1 (0.77)	29.3 (0.78)	29.7 (0.79)

W_R:総振動エネルギー($\times 10^{-7}$ J·s/cm³)
β_0^2:拡散係数($\times 10^{-8}$ m²/s)
K_C:毛管浸透係数($\times 10^{-8}$ m²/s)
圧縮強度(N/mm²)
( )値:標準供試体試験値との比

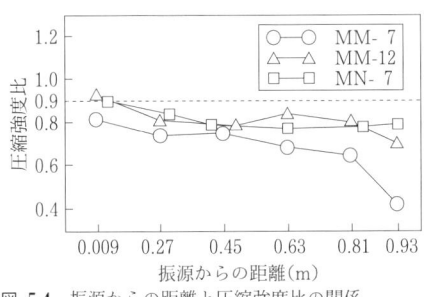

図-5.4 振源からの距離と圧縮強度比の関係 (軽量骨材コンクリート)

で締固め有効範囲は振源から約 0.15 m,MN-7 の場合は,振動時間 60 秒で約 0.1 m と小さく,MM-7 の場合(振動時間 60 秒)は,振動機近傍で圧縮強度は 0.90 以下となっている(図-5.4 参照).しかし,軽量骨材コンクリートの水密性は,普通コンクリートよりかなり良好な結果を示している.たとえば,MM-12 の場合,振源から約 0.27〜1.0 m の間は拡散係数はほとんど変化せず,拡散係数比は 0.94〜1.30,平均約 1.2 となっており,しかも拡散係数試験値は約 3.8×10^{-8} m²/s であって,普通コンクリートの締固め有効範囲の拡散係数(表 5.2 のスランプ 11 cm の場合)の 1/20 程度である.また,MN-7 の場合も振源から 1 m の全範囲にわたって拡散係数比はほぼ一定であり,その値は,0.90〜1.08,平均約 1.0 であって,現場コンクリートの水密性は標準

5.2 大型平板試験体(擬似現場コンクリート)から採取したコアによる検討

型供試体と変わらない.なお,MN-7の拡散係数は,平均約 $7\times10^{-8}\,\mathrm{m^2/s}$ で,普通コンクリート(**表-5.2**のスランプ6cmの場合)の値の約1/10となっている.

また,現場軽量骨材コンクリートの毛管浸透性も,加圧浸透性と同様に振源から1mの全域にわたってほとんど変化せず,毛管浸透係数比は0.8~2.2,平均約1.6となり,普通コンクリートの約1/2となっている.従来,実験室で入念に締め固めて造った標準供試体の場合,軽量骨材コンクリートの水密性は,普通コンクリートより優れていることで明らかにされているが(**4.1.2**参照),上記のように現場コンクリートの場合は両者の差はさらに拡大する.これは,次のような理由による[2].

① 振動締固めは,振動による液状化と重力による締固めの2つの機構から構成される.前者は,質量の異なる各固体粒子に作用する慣性力が粒子間のせん断抵抗を超えたときに生じる現象であり,後者は,液状化したコンクリート中で各粒子が拘束を解かれ重力により自由に沈降し,再配置される現象である.

② 軽量骨材コンクリートにおいては,骨材粒の質量が小さいので慣性力も小さいはずであるが,振動機を挿入したときに,コンクリートの粘性抵抗によって受ける振動の減衰(負荷減衰)や振動機に近接するコンクリートの局部的な著しい液状化による振動の減衰(境界減衰)が普通コンクリートの場合より少ないので,結果的にコンクリート各部の総振動エネルギーは,振動機から約0.3mの範囲では普通コンクリートと大差ないものとなる.例として十分適切ではないが,振動条件が等しいMM-7とMN-7とを比較すると,振源から0.27mにおける総振動エネルギーは,前者は $51.8\times10^{-7}\,\mathrm{J\cdot s/cm^3}$,後者は $42.2\times10^{-7}\,\mathrm{J\cdot s/cm^3}$ とほぼ等しい.

③ スランプが同じ場合,軽量骨材コンクリートの単位水量は一般に普通コンクリートより約10%大きく,もともと軽量骨材コンクリートの方が流動性が大きいから,振動による総振動エネルギーが同じなら,軽量骨材コンクリートの液状化がより進行するのは当然である.しかし,液状化後の重力作用による粒子の再配置は顕著ではない.すなわち,粗骨材粒子の位置はあまり変化せず,液状化したモルタルが流動して粗骨材周囲を充てんし,密実化すると考えられる.これに対し,普通コンクリートの場合は,粒子が沈降して締固めが進行すると同時にブリーディングによって粗骨材の下面に連続した大きい水膜や下方

に多孔層を形成するとともに，モルタル中に多数の水みちが発生し，これらは硬化コンクリートの水密性の低減に決定的な影響を与えるのである．

5.3 構造物から採取したコアによる現場コンクリートの水密性の検討[3]

　内部振動機から，コンクリート中に伝播する振動波は，振動機を中心にして360度方向に発生するため，締固め有効範囲は振動機を中心とする円形のゾーンとなる．したがって，振動機の挿入間隔を締固め有効範囲以下とすれば締固め不足の部分はほとんど生じない．

　実構造物においては，安全を考慮して振動機の挿入間隔は0.5 m程度を標準としているから，コンクリート中の振動波はある時間差をもって重複，あるいは交差し，さらに型枠の内面や鉄筋からの反射波も加わり，その影響は，きわめて複雑となる．このように，振動の伝播現象は複雑で，コンクリート各部の締固め度を数量的に把握することはむずかしい．そこで施工条件が通常のグレードの現場コンクリートからコアを採取し，その水密性と同時に造った標準供試体の水密性を比較したのである．対象とした現場コンクリートは，次の2例である．

　① 鉄筋コンクリートラーメン構造建屋(地上4階建)の地中はり部分．
　② 温度応力測定用大型コンクリートブロック．

5.3.1 鉄筋コンクリート建屋の地中はりに関する実験

(1) 試験区間とコンクリートの施工方法

　日本大学生産工学部内の鉄筋コンクリート4階建校舎の建築工事において，地中はりの一部を延長してコンクリートを打設し，試験区間(無筋コンクリート)とした．(図-5.5参照)．試験区間の詳細は，図-5.6に示すように，全長4500 mm，幅1000 mm，高さ900 mmである．

　コンクリートは，2層に分けて打ち込み，各層を棒径40 mmの内部振動機を

5.3 構造物から採取したコアによる現場コンクリートの水密性の検討

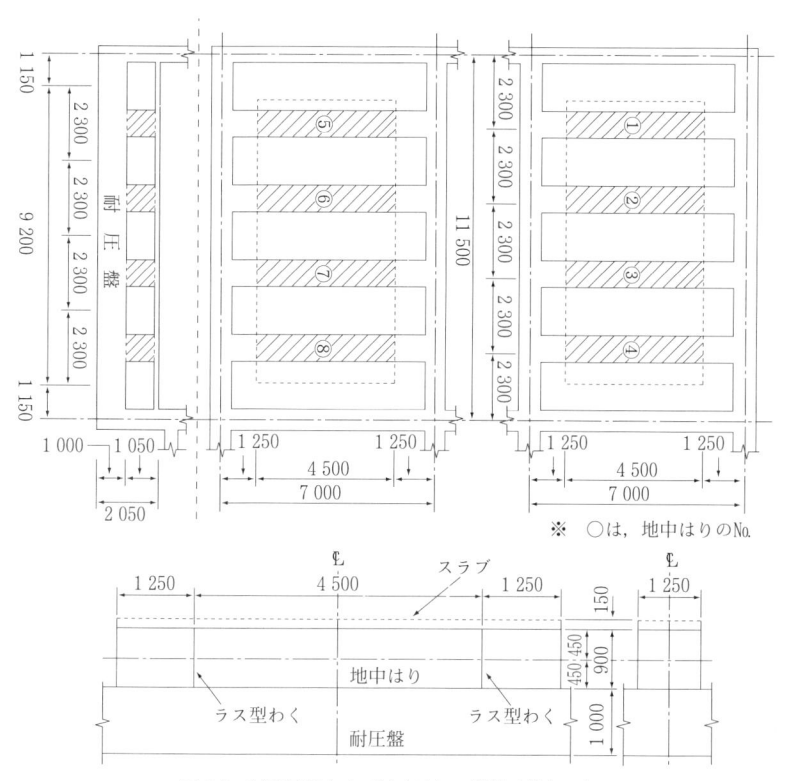

図-5.5 試験区間および地中はりの形状寸法(mm)

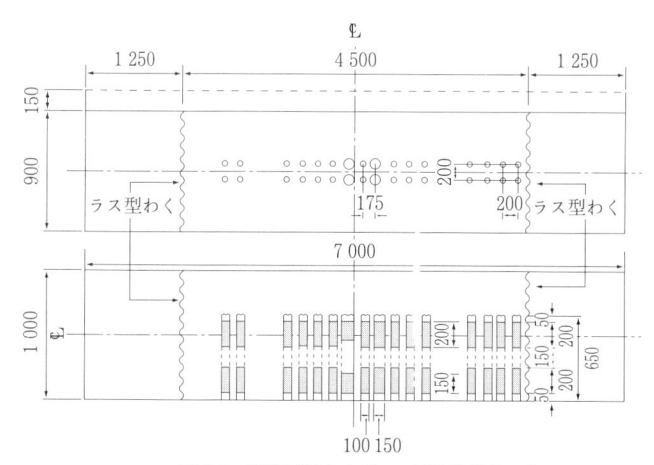

図-5.6 試験区間およびコア採取位置(mm)

※ ○は，地中はりのNo.

(2) コンクリートの配合

コンクリートは，AE 減水剤を用いた AE コンクリートとメラミンスルホン酸塩系流動化剤を用いた流動化コンクリートの 2 種であって，それぞれ普通ポルトランドセメントおよびフライアッシュセメント B 種を用いたものである．コンクリートのスランプは，AE コンクリートの場合 12 cm，流動化コンクリートの場合はベースコンクリートのスランプ 8 cm，流動化後のスランプ 15 cm である．その結果，単位水量は流動化コンクリートの方が AE コンクリートより約 4 % 少なくなっている．

コンクリートの配合を**表-5.4** に示す．なお，使用した骨材は通常の品質のもので，粗骨材は砕石 2005 である．

表-5.4 コンクリートの配合

種類	用いたセメント	粗骨材の最大寸法(mm)	スランプ(cm)		空気量(%)	水セメント比(%)	細骨材率(%)	単位量(kg/m³)				AE減水剤(cc)	流動化剤(cc/C=100kg)
			ベース	流動化後				水	セメント	細骨材	粗骨材		
AEコンクリート	普通	20	12	—	3.5	53	44.5	156	294	815	1 051	735	—
	フライアッシュB種							152	287	818	1 051	718	
流動化コンクリート	普通		8	15			45.1	150	283	839	1 053	708	980
	フライアッシュB種							146	275	841	1 053	688	

(3) 試験方法

コアの採取位置は，**図-5.6** に示すとおりであり，はり側面から打込み方向に直角に採取し，はり側方部コアと中央部コアの 2 種とする．

透水試験用コアは，普通ポルトランドセメントを用いた場合は材齢 21 日，フライアッシュ B 種を用いた場合は材齢 91 日において採取し，$\phi 150 \times 150$ mm を 2 個成形する．

圧縮強度試験用コアは，所定の材齢(7，28，42，91 および 180 日)の 2 日前に採取し，$\phi 100 \times 200$ mm を 2 個成形する．

標準供試体は，打込み現場においてコンクリートポンプの輸送管筒先の排出量

5.3 構造物から採取したコアによる現場コンクリートの水密性の検討

が約 $2.5\,\mathrm{m}^3$ となったときに JIS A 1115 に準じて約 $200\,\ell$ の試料を採取し，透水試験供試体（$\phi 150 \times 150\,\mathrm{mm}$）を各配合 4 個および圧縮強度試験用（$\phi 100 \times 200\,\mathrm{mm}$）を各材齢 3 個作製し，供試体の養生は管理上試験室内の $20\,^\circ\mathrm{C}$ 水中としている．

透水試験の方法は，高圧浸透試験であって，コアは採取後，2 日間水中に浸漬し，標準供試体は標準養生終了後 $20\,^\circ\mathrm{C}$，湿度 65％ の室内で 7 日間乾燥し，試験に供している．試験水圧は，コアに対し $0.98\,\mathrm{MPa}$，標準供試体に対し $1.96\,\mathrm{MPa}$ 試験時間は 48 時間である．

(4) 試験結果

試験結果は，**表-5.5** に示されている．**表-5.5** において，コアの中央部と側方部とで品質の差異は認められないので，平均して標準供試体に対する拡散係数比を求めると，AE コンクリートの場合 0.7〜4.3，平均 2.8，流動化コンクリートの場合は 0.6〜5.0，平均 3.8 となっており，一般に通常の施工状態の現場コンクリートの拡散係数は，標準供試体の大約 3〜4 倍と考えることができる．

なお，フライアッシュセメント B 種を用いた流動化コンクリートの場合，遅延系のセメントおよび混和剤の相乗作用により拡散係数がほかの場合の 2 倍以上になることに注意しなければならない．

表-5.5 実験結果

種類	用いたセメント	供試体の種類		圧縮強度(N/mm²)					拡散係数 $\beta_2^2 \times 10^{-8}$ (m²/s)	
				材齢7日	材齢28日	材齢42日	材齢91日	材齢180日		
AEコンクリート	普通	コア	中央部	17.8 } 18.4	23.7 } 25.0	26.8 } 28.1	27.4 } 28.5	28.8 } 29.3	43.3 } 60.5	51.9 (2.86)
			側方部	19.0	26.2	29.5	29.6	29.7		
		標準供試体		19.1	26.7	28.4	28.4	29.0	18.1	(1.00)
	フライアッシュB種	コア	中央部	17.9 } 18.5	26.8 } 26.8	29.9 } 31.2	32.8 } 33.3	36.5 } 36.2	99.5 } 13.8	56.6 (2.75)
			側方部	19.0	26.8	32.6	33.8	35.9		
		標準供試体		19.4	27.7	32.4	35.7	38.0	20.5	(1.00)
流動化コンクリート	普通	コア	中央部	19.1 } 19.4	25.5 } 26.1	27.8 } 28.4	28.4 } 28.3	27.3 } 27.9	54.8 } 68.9	61.9 (4.50)
			側方部	19.7	26.7	29.1	28.2	28.6		
		標準供試体		21.5	30.2	29.7	30.9	32.2	13.8	(1.00)
	フライアッシュB種	コア	中央部	15.0 } 15.8	22.4 } 22.5	27.9 } 28.0	28.9 } 29.4	36.6 } 37.3	168 } 125	146.4 (3.04)
			側方部	16.6	22.7	28.1	29.8	37.8		
		標準供試体		16.9	25.1	27.5	30.6	34.2	48.2	(1.00)

5.3.2 大型コンクリートブロックに関する実験

(1) 大型コンクリートブロックとコンクリートの施工方法

大型コンクリートブロックは，マスコンクリートの熱特性の測定を目的とし，厚肉壁体を想定して作製したものである．

ブロックは，長さ方向と上面および底面の4面を断熱材で被覆した延長1 300 mm，幅1 000 mm，高さ1 000 mmのものである（図-5.7参照）．コンクリートの打設は，3層に分けて打ち込み，各層を振動棒の直径が30 mmの内部振動機を用いて入念に締め固めた．

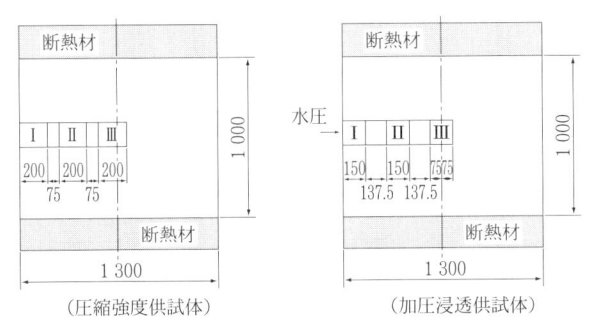

図-5.7 試験用大型コンクリートブロックとコア採取位置(mm)

(2) コンクリートの配合

コンクリートのスランプは，AEコンクリートの場合12 cm，流動化コンクリートの場合はベーススランプ6 cm，流動化後のスランプ12 cmであって，その結果，単位水量は流動化コンクリートの方が約9％少なくなっている．コンクリートの配合を表-5.6に示す．

なお，使用した細骨材は，通常の品質の山砂，粗骨材は砕石2505である．

表-5.6 コンクリートの配合

種類	粗骨材の最大寸法(mm)	スランプ(cm)		空気量(％)	水セメント比(％)	細骨材率(％)	単位量(kg/m³)				AE減水剤(cc)	流動化剤(cc/C=100 kg)
		ベース	流動化				水	セメント	細骨材	粗骨材		
AEコンクリート	25	12	—	5.0	53	43	180	340	770	993	850	—
流動化コンクリート		6	12				163	307	738	1 037	768	2 200

(3) 試験方法

透水試験および圧縮強度試験用コアは，大型ブロックの表面部（Ⅰ），表面と中心の中間部（Ⅱ）および中心部（Ⅲ）から材齢91日において採取し，高圧浸透試験用 $\phi 150 \times 150$ mm，毛管浸透試験用 $\phi 150 \times 200$ mm および圧縮強度試験用 $\phi 100 \times 200$ mm に成形する．図-5.7にコア採取位置を示す．標準供試体は，大型ブロックと同時に作製した $\phi 150 \times 150$ mm，$\phi 150 \times 200$ mm および $\phi 100 \times 200$ mm であって，大型ブロックの近傍に静置し，類似の現場養生を行っている．

透水試験用供試体はコアの場合は成形後，標準供試体の場合は現場養生終了後，48時間水中に浸漬し，20℃湿度65％の室内で7日間乾燥した後，試験に供している．

高圧浸透試験における試験水圧は0.49 MPa，試験時間は48時間，毛管浸透試験は鉛直上向き浸透方法である．

(4) 試験結果

試験結果を表-5.7に示す．表-5.7において，コアの採取位置によって試験値に特定の傾向は認められないので，これらの平均値で論じると，標準供試体に対する拡散係数比は，AEコンクリートの場合約2.8，流動化コンクリートの場合も約2.8であって，毛管浸透係数比はAEコンクリートの場合平均2.1，流動化コンクリートの場合平均1.3である．

これらの実験から，標準供試体に対する現場コンクリートの拡散係数比および毛管浸透係数比を総括すると表-5.8のようになる．

表-5.7 圧縮強度および透水試験結果

コンクリートの種類	供試体の種類		圧縮強度 (N/mm^2)	拡散係数 $\beta_0^2 \times 10^{-8}$ (m^2/s)	毛管浸透係数 $K_c \times 10^{-8}$ (m/s)
AEコンクリート スランプ：12cm	コア	Ⅰ	31.3	29.83 (1.46)	15.99 (1.50)
		Ⅱ	29.6	54.636 (2.68)	23.42 (2.25)
		Ⅲ	29.4	84.309 (4.13)	25.82 (2.79)
	標準供試体		32.5	20.41 (1.00)	12.04 (1.00)
流動化コンクリート スランプ：6cm→12cm	コア	Ⅰ	30.3	68.766 (3.50)	11.58 (1.21)
		Ⅱ	28.2	51.025 (2.60)	12.21 (1.27)
		Ⅲ	29.1	45.687 (2.33)	12.86 (1.37)
	標準供試体		35.0	19.625 (1.00)	10.36 (1.00)

第5章 現場コンクリートの水密性

表-5.8 拡散係数比および毛管浸透比の総括

区　分	コンクリート	拡散係数比	毛管浸透係数比
平板試験体	普通コンクリート	3.5〜5.3	2.8〜3.0
	軽量骨材コンクリート	1.0〜1.2	1.4〜1.9
実構造物地中ハリ 大型ブロック	普通コンクリート	2.8〜3.8 2.8	— 1.3〜2.1

文　献

1) 村田二郎・川崎道夫：振動締固めの評価方法に関する研究, セメント技術年報, 41, 1987.
2) 村田二郎・岩崎訓明・児玉和己：コンクリートの科学と技術, 山海堂, 1996.
3) 越川茂雄・伊藤義也：現場コンクリートの水密性の評価に関する研究, コンクリート工学論文集, 7-1, 1996.

第6章　コンクリート構造物の水密性設計

6.1　概　　説

　作用水圧が大きい大深度地下構造物や大型水槽，ポンプ場などにおいては，漏水などによる機能低下を生じることから水密性に関する使用限界状態の照査が必要である．

　従来，水密コンクリート部材の設計については，各国ともひび割れからの漏水に着目し，それぞれ許容ひび割れ幅の規定値を設けている．わが国においても，土木学会コンクリート標準示方書「設計編」(平成8年)に要求される水密性の程度や作用する断面力に応じたひび割れ発生の制御もしくは許容ひび割れ幅を規定し，続いて示方書「施工編」(平成11年)にひび割れ部分以外の健全部のコンクリートの水密性の照査方法を示している．

　このほか，コンクリート中の加圧浸透流の先端が対面に到達したときを限界状態として，コンクリート部材の水密性を照査する方法やコンクリート中を多量の水が透過し，カルシウムやシリカの大部分が流出してコンクリートは劣化したと考えられるが，その耐用年数によってコンクリートの水密性を照査する方法などが提案されている．

これらの諸案の中には，多数の実験によって裏付けられ，周到な考察が加えられているものもあるが，水密コンクリート部材の照査型設計について検討され始めてからまだ日が浅いので，全般的に未完成の段階にあり，今後の研究が期待される．以下に，提示されている個々の方法について述べる．

6.2 土木学会コンクリート標準示方書に示されている方法

6.2.1 ひび割れの照査（示方書「設計編」）

水密性に対するひび割れ発生の制御，もしくはひび割れ幅の制限に対する照査であって，表-6.1 にひび割れ発生の制御および許容ひび割れ幅を示す．

表-6.1 において，ひび割れの制御は，要求される水密性の程度と卓越する作用断面力によって区分されている．

高い水密性を必要とし，水槽などのように軸引張力が卓越する場合には，機械的または化学的プレストレスを導入したプレストレストコンクリート構造とし，残留圧縮応力を $0.5\,\mathrm{N/mm^2}$ 以上として，ひび割れの発生を許さない設計とする．一般の水密性を必要とする場合には，鉄筋コンクリート構造とし，許容ひび割れ幅を 0.1 mm としてよい．また，主要な断面力が曲げモーメントの場合は，圧縮域が存在するので，貫通ひび割れが生じることなく，水密性を保持しやすい．ただし部材が薄い場合や引張鉄筋比が小さい場合は，圧縮域の高さが小さくなるの

表-6.1 水密性に対するひび割れ発生制御および許容ひび割れ幅(mm)

要求される水密性の程度		高い水密性を確保する場合	一般の水密性を確保する場合
卓越する作用断面力	軸 引 張 力	$-$ *1	0.1
	曲げモーメント*2	0.1	0.2

*1 作用断面力によるコンクリート応力は全断面において圧縮状態とし，最小圧縮応力度を $0.5\,\mathrm{N/mm^2}$ 以上とする．また，詳細解析により検討を行う場合には，別途定めるものとする．

*2 交番荷重を受ける場合には，軸引張力が卓越する場合に準じることとする．

で，その止水効果が期待しにくい．そのため，安全側の値として高い水密性を必要とする場合，許容ひび割れ幅を 0.1 mm，一般の水密性を要する場合 0.2 mm としている．なお，正負交番曲げを受ける場合は，両縁ともにひび割れを発生することから，軸引張力を受ける場合と同じ扱いとしたのである．

表-6.1 に示すこれらの規定値は，表-6.2[1]に列挙する．ひび割れ幅と水密性に関する既往の実験結果に基づいて定めたものである．表-6.2 において，ひび割れはすべて貫通ひび割れであり，ひび割れ幅はすべて 0.1〜0.5 mm である．供試体の厚さは 50〜350 mm，試験水圧は主として 100〜150 kN/m²(最大 900 kN/m²)である．その結果，水圧が 900 kN/m² 以下でひび割れ幅が 0.1 mm 以下であれば，漏水はほとんど認められない．したがって，ひび割れ幅を 0.1〜0.2 mm に制限すれば，一般に十分安全に水密性を保持することができる．

表-6.3[2]は，種々の規準における水密性に対する許容ひび割れ幅を示している．大部分は，許容応力度設計法によっているので，ひび割れ幅はその位置の鉄筋の許容引張応力度によって制限されている．これをひび割れ幅に換算すると，許容ひび割れ幅は 0.1〜0.27 mm の範囲となる．表-6.1 の許容ひび割れ幅は 0〜0.2 mm の範囲であって，全般的に表-6.3 よりきびしい規定値となっていることがわかる．

表-6.2 水密性に関する既往の実験結果

研 究 名	限界ひび割れ幅 (mm)	実験に用いたひび割れ幅の範囲 (mm)	実験に用いた水圧 (kN/m²)	部材厚 (mm)	鉄筋
伊藤ほかの研究[3]	0.1	0.1〜1.0	30〜900	50〜290	無
渡部ほかの研究[4]	0.02〜0.05	0.1〜0.5	5〜2	150	有
寺山ほかの研究[5]	0.05〜0.16	0.05〜0.5	100〜200	400	有
伊藤ほかの研究[6]	0.1	0.05〜0.6	50〜80	150〜170	無
Trost ほかの研究[7]	0.09〜0.20	0.09〜0.3	(動水勾配：0〜100)	100〜300	有
岡村ほかの研究[8]	0.1	0.1〜0.2	100〜150	350	有

* 限界ひび割れ幅とは，ほとんど漏水が生じないひび割れ幅である．作用水圧などの実験条件の差異により，限界ひび割れ幅は若干変動する．

第6章　コンクリート構造物の水密性設計

表-6.3　各基準における水密性を確保するための許容ひび割れ幅

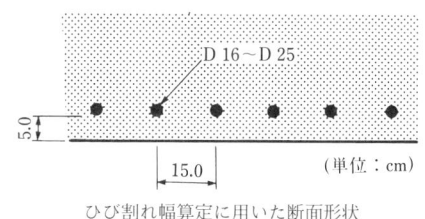

基　準　名		主な規定内容	規定値(mm)	ひび割れ幅(mm)	
				ACI式	土木学会式
水道用プレストレストコンクリートタンク標準仕様書		$\sigma_{csa}=1\,000\,\mathrm{kgf/cm^2}$	—	0.14〜0.15	0.18
BS 8007		ひび割れ幅を規定	0.20〜0.10	—	—
ACI 224 R-80		ひび割れ幅を規定	0.10	—	—
ACI 350 R-83	許容応力度設計法	$\sigma_{csa}=1\,000\,\mathrm{kgf/cm^2}$	—	0.14〜0.15	0.18
	限界状態設計法	$Z<20\,600\,\mathrm{kgf/cm^2}$	—	0.27	
DnV Rule		$\sigma_{csa}=1\,600\,\mathrm{kgf/cm^2}$	—	0.23〜0.24	0.27

ひび割れ幅算定に用いた断面形状

6.2.2　健全部のコンクリートの水密性の照査（示方書「施工編」）

この照査方法は，圧力水がコンクリート部材を透過し，対面から流出することを前提としている．

すなわち，**6.2.1** によりひび割れ部が所要の水密性を有することを確認するとともに，ひび割れが生じていない健全部のコンクリートの水密性を次のように照査する．コンクリート部材を透過する水の流出量の設計値 Q_d が許容する最大流出量 Q_{max} より小さいことを次式によって確かめればよい．

$$\gamma_i \frac{Q_d}{Q_{max}} \leq =1.0 \qquad \cdots\cdots\cdots(6.1)$$

ここに，

　γ_i　：構造物係数　$\gamma_i=1.0$ としてよいが，重要な構造物の場合には $\gamma_i=1.1$ とする．

　Q_d　：単位時間当たりの流出量の設計値（m³/s）

Q_{max}：単位時間当たりの許容最大流出量(m^3/s)で構造物表面における水分の蒸発や排水設備の処理能力なども考慮して定める．

流出量の設計値 Q_d は次の式から求める．

$$Q_d = \gamma_{pn} K_d A \frac{H}{L} \qquad \cdots\cdots(6.2)$$

ここに，

K_d：構造物中におけるコンクリートの透水係数の設計値(m/s)で，$K_d = \gamma_c K_k$

K_k：コンクリートの透水係数の特性値(m/s)

γ_c：コンクリートの材料係数，構造物中のコンクリートと標準供試体の間で品質に差異が生じない場合は $\gamma_c = 1.0$ としてよい．

A：透水経路の断面に相当するコンクリートの全面積(m^2)

H：構造物の内面と外面の水頭差(m)

L：透水経路の長さに相当する構造物の厚さの期待値(m)．一般に設計断面厚さとしてよい．

γ_{pn}：流出量の設計値 Q_d のばらつきを考慮した安全係数で，一般に $\gamma_{pn} = 1.15$ としてよい．

式(6.2)における透水係数の特性値 K_k は，コンクリートの配合設計の一連の作業の中で試験(アウトプット方法)によってその測定値(予測値 K_p)に対し，次の式を満足するように定める．

$$\gamma_p \frac{K_p}{K_k} \leq 1.0 \qquad \cdots\cdots(6.3)$$

ここに，

K_k：コンクリートの透水係数(m/s)の特性値

K_p：コンクリートの透水係数の予測値(m/s)

γ_p：透水係数の予測値 K_p の精度に関する安全係数 $\gamma_p = 1.0 \sim 1.3$，一般に 1.1 としてよい．

なお，既往の実績により，良質な材料を用い水セメント比が 55％ 以下であれば，一般に要求される水密性は，確保されることが明らかにされているので，水セメント比(または水結合材比)が 55％ 以下であることを確認することにより，一般的なコンクリートに求められる透水係数の照査に代えてよい．

この照査方法では，照査の仕組みや計算の手順は周到に整えられている．しかし，たとえば工事に使用する材料，配合のコンクリートの透水係数を試験によって特定することは実際上むずかしいし，標準供試体と構造物中のコンクリートに品質の差異がないとの見地から，コンクリートの材料係数を$\gamma_c = 1.0$とすることには疑問があり，γ_p，γ_{pn}についても今後の研究が必要であろう．

6.3 加圧浸透流の浸透深さによる水密コンクリート部材厚さの照査[9]

これは，第2章に述べたダルシー浸透流および浸透拡散流の法則が長期にわたって成立するものとし，浸透流の先端が流出面に到達したときを限界状態として，水密を要するコンクリート部材の厚さを照査するものである．なお，ここでいう部材厚さとは，健全部のコンクリートの厚さであって，この場合ひび割れ部分は表-6.1の条件を満足することを前提としていることはいうまでもない．

(1) コンクリート中の浸透流に関する計算上の仮定

第2章2.3で行った考察から設計に用いる浸透流の構成および水圧分布を図-6.1のように仮定する．すなわち，作用する水圧が0.15 MPa以下の場合はダルシー浸透流に従い，0.15 MPaを超える場合は浸透拡散流とダルシー浸透流の組合せからなるものとする．毛管浸透流は，浸食液など特別の場合を除いて，設計には考慮しないものとする．

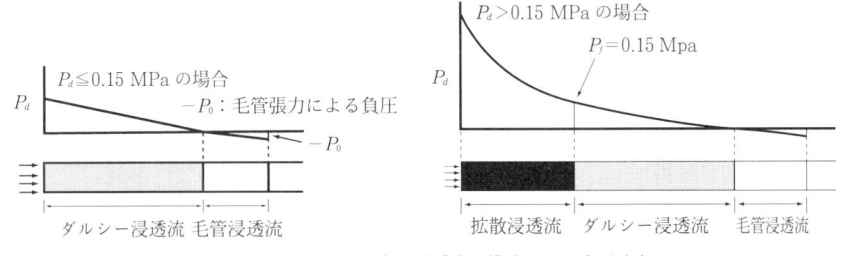

図-6.1 コンクリート中の浸透流の構成および水圧分布

(2) 設計水圧

水圧の特性値は，一般に常時的水位による最大水圧とし，安全係数は$\gamma_f=1.0$とする．設計水圧は次式で示される．

$$P_d = \gamma_f P_k \qquad \cdots\cdots\cdots(6.4)$$

ここに，

P_d：設計水圧(MPa または kN/m^2)

P_k：水圧の特性値(MPa または kN/m^2)

γ_f：荷重係数 $\gamma_f=1.0$

(3) 浸透係数および拡散係数の特性値

使用限界状態における特性値であるから，一般に平均値(不良率 $P=50$%)が用いられるが，浸透係数および拡散係数試験値のばらつきは強度などに比べ相当に大きく，また構造物中のコンクリートにおけるこれらのばらつきに関する資料は得られていない．一方，断面破壊(終局限界状態)に対する強度特性値は，試験値がその値を下回ることがないよう(不良率 $P=5$%以下)に定められている．これらのことを考慮して，浸透係数および拡散係数試験値が正規分布するものとし，試験値がその値を下回る確率が約16%(不良率 $P=15.8$% 正規偏差 $t=1.0$)とすることが提案できよう(図-6.2 参照)．したがって，浸透係数および拡散係数の特性値は次式から計算される．

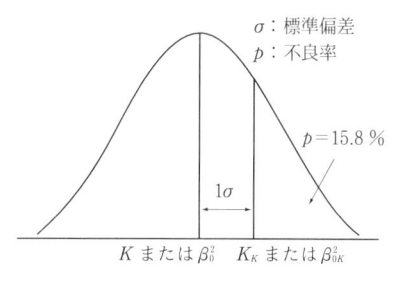

図-6.2 浸透係数または拡散係数の特性値

$$\left.\begin{array}{l} K_k = K(1+\delta) \\ \beta_{0k}^2 = \beta_0^2(1+\delta) \end{array}\right\} \qquad \cdots\cdots\cdots(6.5)$$

ここに，

K_k および K：それぞれ浸透係数の特性値および試験値(m/s)

β_{0k}^2 および β_0^2：それぞれ拡散係数の特性値および試験値(m^2/s)

δ：変動係数

浸透係数および拡散係数試験値の変動係数は，**第4章 4.1.3** の表-4.6(p.62)に示す32組の試験値から，浸透係数の場合 11.3～50.0％，平均 32.2％，拡散係数の場合 3.5～52.3％，平均 20.2％ となっているので，式(6.5)における$(1+\delta)$は1.2～1.3の範囲となるが，拡散係数の場合も変動係数の最大値がかなり大きいので両者とも$(1+\delta)=1.3$とし，$K_k=1.3\mathrm{K}$および$\beta_{0k}^2=1.3\beta_0^2$を用いるものとする．6.2.2に示した土木学会示方書では透水係数K_kを定めるための安全係数として$\gamma_p=1.0$～1.3を推奨している．

(4) 浸透係数および拡散係数の設計用値

第5章に述べたように，構造物中のコンクリートでは打込み時に粒子の沈降や水の上昇が比較的容易に起こるので，同時に造った標準供試体に比べ透水性が相当に大となる．**第5章**の結果を総括し単純化すれば，構造物中のコンクリートの拡散係数は標準供試体の約4倍(普通コンクリートの場合)，または約2倍(軽量骨材コンクリートの場合)，浸透係数は約2倍(普通コンクリートの場合)[注1] と考えてよい．

したがって，浸透係数および拡散係数の設計用値は次式で表される．

$$\left.\begin{array}{l} K_d = \gamma_c K_k \\ \beta_{0d}^2 = \gamma_c \beta_{0k}^2 \end{array}\right\} \qquad \cdots\cdots(6.6)$$

ここに，

K_d：浸透係数の設計用値(m/s)

注1) **第5章**に示した大型平板試験体により，同様な試験を別途行った結果は次のとおりである．
　コンクリートの配合：粗骨材の最大寸法＝20 mm，$C=285\,\mathrm{kg/m^3}$，$W=157\,\mathrm{kg/m^3}$，$W/C=55\%$，$s/a=43.6\%$，AE減水剤使用，スランプ＝12 cm，空気量＝4.5％，
振動機公称棒径 40 mm，振動時間 45 秒，
コア採取位置：振源からの距離 75 cm，

表 試験水圧＝0.147 MPa，試験時間 48 時間

供試体	標準供試体		コア供試体	
浸透係数 ×10⁻¹² (m/s)	14.8 10.8 7.66 10.3	10.9 (1.00)	18.9 28.3 15.1 17.4	19.9 (1.83)

β_{0d}^2：拡散係数の設計用値（m²/s）

γ_c：コンクリートの材料係数

　　浸透係数の場合　$\gamma_c = 2.0$（普通コンクリート）

　　拡散係数の場合　$\gamma_c = 4.0$（普通コンクリート）

　　$\gamma_c = 2.0$（軽量骨材コンクリート）

(5) 設計浸透深さの計算と部材の水密性の照査

設計浸透深さは，設計水圧の大きさによりそれぞれ次の式から計算される．

　$P_d \leq 0.15\,\mathrm{MPa}$ の場合

$$d_{md} = \sqrt{\frac{2K_d P_d}{w_0}}\sqrt{t_d} \ \ \text{または} \ \ \sqrt{2K_d H_d t_d} \qquad \cdots\cdots(6.7)$$

ここに，

　d_{md}：設計浸透深さ（m）

　K_d：浸透係数の設計用値（m/s）

　P_d：設計水圧（kN/m²）

　w_0：水の単位重量（kN/m³）

　t_d：設計供用期間（s）

　H_d：設計水頭（m）

　$P_d > 0.15\,\mathrm{MPa}$ の場合

浸透拡散部とダルシー浸透部の和として求める．

浸透拡散部に対して，

$$D_{md} = 2\xi\sqrt{\frac{\beta_{0d}^2 t_d}{\alpha}} \qquad \cdots\cdots(6.8)$$

ここに，

　D_{md}：設計浸透深さ（m）

　β_{0d}^2：拡散係数の設計用値（m²/s）

　α　：t_d に関する修正係数（**表-6.4** 参照）

　ξ　：設計水圧に関する係数（**表-6.5** 参照）

ダルシー浸透部に対しては式(6.7)を適用する．この場合 $P_d = 0.15\,\mathrm{MPa}$ とする．

部材の水密性の照査は，所定の供用期間に対し，次式が成立することを確かめればよい．

第6章　コンクリート構造物の水密性設計

表-6.4　設計供用期間 t, $\sqrt{t_d}$ および α の値

設計供用期間 t		$\sqrt{t_d}$	$\alpha(=t^{3/7})$ の値
年	×10⁴秒		
20	63 072	25 114	5 907
40	126 144	35 517	7 950
60	189 216	43 499	9 459
80	252 288	50 228	10 700
100	315 360	56 157	11 774

表-6.5　設計水圧と ξ の値

設計水頭 H_d(m)	ξ	設計水頭 H_d(m)	ξ
20(0.196)	0.211	50(0.490)	0.724
25(0.245)	0.358	60(0.588)	0.805
30(0.294)	0.466	70(0.686)	0.870
35(0.343)	0.549	80(0.784)	0.924
40(0.392)	0.617	90(0.882)	0.970
45(0.441)	0.675	100(0.980)	1.010

注）（　）内は水圧 MPa を示す．

$P_d \leq 0.5$ の場合

$$\gamma_i \frac{d_{md}}{D} \leq 1.0 \qquad \cdots\cdots(6.9)$$

$P_d \geq 0.15$ の場合

$$\gamma_i \frac{D_{md}+d_{md}(P_d=0.15\,\mathrm{MPa})}{D} \leq 1.0 \qquad \cdots\cdots(6.10)$$

ここに，

γ_i：構造物係数で一般に $\gamma_i=1.0$ としてよいが，重要な構造物の場合 1.1 とする．

D：コンクリート部材の厚さ(m)

図-6.3～6.5 は，設計供用期間と設計浸透深さの関係の計算例であって，図-

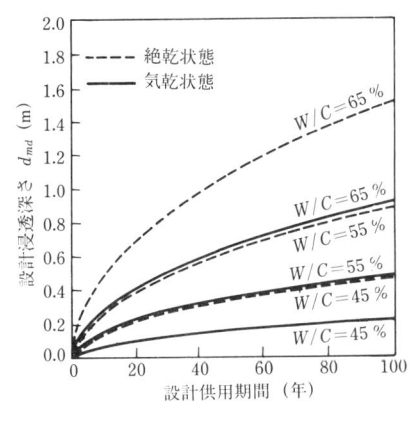

図-6.3　コンクリートの品質と設計浸透深さの関係(設計水頭 $H_d=15\,\mathrm{m}$ の場合)

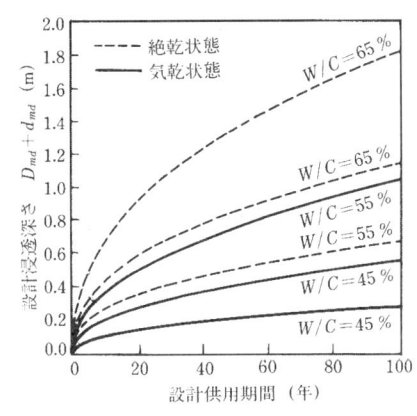

図-6.4　コンクリートの品質と設計浸透深さの関係(設計水頭 $H_d=30\,\mathrm{m}$ の場合)

6.3および図-6.4は，設計水頭を15mおよび30mとした場合の水セメント比およびコンクリートの乾燥度の影響，図-6.5は水セメント比55％のコンクリートにおける設計水圧の影響が示されている．

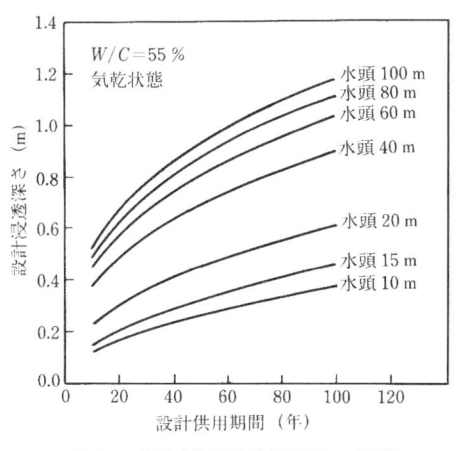

図-6.5 設計水頭と設計浸透深さの関係

表-6.6 浸透係数および拡散係数の設計用値

W/C (％)	乾燥温度 (℃)	浸透係数 $K\times10^{-12}$ (m/s)	浸透係数の設計用値 $K_d\times10^{-12}$ (m/s)	拡散係数 $\beta_0^2\times10^{-8}$ (m²/s)	拡散係数の設計用値 $\beta_{0d}^2\times10^{-8}$ (m²/s)
45	20	0.2	0.5	2.4	12.5
	45	0.9	2.3	25.4	132.0
55	20	0.9	2.3	4.6	23.9
	45	3.2	8.3	40.9	213.0
65	20	3.5	9.1	7.7	40.0
	45	9.5	24.7	60.9	317.0

図-4.7および図-4.8より設計用値の計算式$K_d=1.3\times2\times K$，$\beta_{0d}^2=1.3\times4\times\beta_0^2$

6.4 限界透過水量によるコンクリートの水密性の照査[10]

コンクリートを一定量以上の水が透過するとセメント中のカルシウムやシリカの大部分が溶出，または流出し，コンクリートは劣化したと考える．この限界の

水量を限界透過水量といい，蒸溜水の場合，セメント1lb当たり35 ft^3（セメント1kg当たり約2 000 ℓ）といわれている．

したがって，コンクリート部材の厚さ，コンクリートの配合および透水係数，設計水頭が与えられれば，次のように耐用年数を計算することができる．

〔計算例〕

最小厚さ0.15 mの圧力トンネル壁において設計水頭60 mで融雪水を流すものとする（融雪水の浸食力は蒸溜水と同等である）．ライニング用コンクリートの単位セメント量$C=270$ kg/m^3，透水係数$k=85\times10^{-12}$ m/sとし，このコンクリートライニングの耐用年数を計算する．

① ライニングの表面積1 m^{2}当たりの透過水量

単位時間当たり　　$Q=kA\dfrac{H}{L}$

$\qquad\qquad\qquad\quad =85\times10^{-12}\times1.0\times\dfrac{60}{0.15}$

$\qquad\qquad\qquad\quad =340\times10^{-10}$ (m^3/s)

年間流出量　　$Q_Y=340\times10^{-10}\times3\,600\times24\times365$

$\qquad\qquad\qquad =1.07$ m^3

② ライニング1 m^{2}当たりのセメント含有量と限界透過水量

セメントの含有量　　$C_0=270\times1.0\times0.15=40.5$ kg

限界透過水量　　$Q_0=40.5\times2=81$ m^3

③ 耐用年数

$\qquad Q_0/Q_Y=81\div1.07=75.7$ 年

計算結果に適当な安全係数を考慮し，設計供用期間を照査する．

6.5　水密構造

土木学会コンクリート標準示方書「設計編」では，構造細目中の水密構造について**6.5.1**および**6.5.2**の**1.**のような指摘を行っている．

6.5.1 構造設計一般

　水密性が必要な鉄筋コンクリート構造物では，前節までに述べたように大きい水密性を有するコンクリートを用いる必要があるが，とくに設計において，ひび割れを少なくするよう配慮することが大切である．そのため，温度変化，乾燥収縮，地盤の不等沈下などに対し用心鉄筋を十分に配置したり，使用状態における鉄筋の引張応力度を小さく制限したり，適当な間隔および位置に伸縮継目および打継目を設けて，0.1～0.2 mmを超えるような有害なひび割れが発生しないような構造物を設計しなければならない．

　なお，伸縮継目には変形を吸収できるタイプの止水板を挿入し，鉛直打継目には必ず止水板を埋設し（第4章4.3.3参照），水密性を確保する．

6.5.2 排水工および防水工

1. 排水工または防水工の設置

　水に接する鉄筋コンクリート構造物では，必要に応じて排水工および防水工について考慮しなければならない．この場合，一般に防水工について考える前に，排水工の設置について考える必要がある．トンネルや地下道のような構造物では，まず第一に排水工を完備して水圧が本体に加わらないようにすることが水密性を保たせるために最も良い方法である．

　一面で直接に水圧を受け，他面では完全に乾いている必要がある構造物では，荷重，乾燥収縮などによるひび割れや，そのほかの施工上の欠点を考慮し，プレストレストコンクリート構造とした場合でも適切な防水工を設ける．

　なお，防水工は必ず水圧を受ける面に施工しなければならない．

2. 各種防水材

　防水工の適用に際しては，要求される水密性の程度，主として乾湿などの環境条件，ひび割れ幅の変動などを考慮して所要の水密性，耐久性，ひび割れ追従性

および施工性を有する防水材を選定し,その適用箇所および範囲を定める.

防水材として次のものがある.

① シート系防水材:合成繊維不織布に特殊アスファルトを含侵し,成形した防水シートなど.

② 塗膜系防水材:合成ゴム,エポキシ樹脂など.

③ ケイ酸質系塗布防水材

上記の①および②の工法により,ほぼ完全な防水が可能であるが,そのためには下地コンクリートを十分に乾燥させることが必要である.したがって,地下空間のような湿度の高い所では,施工上の制約が厳しい.ケイ酸質系塗布防水材(浸透性塗布防水材[11])は,コンクリート面に塗布されると,水の存在のもとにモルタル層に浸透し,あらたな水和物を形成して,既存の水和物間および空隙を充てんし,ケイ酸質系塗布防水材によって,モルタル層を緻密化して(緻密化モルタル層の厚さ5〜10 mm)コンクリートの水密性を増大するものである.

モルタル層内に生じる水和物(針状および繊維状結晶)のうち,針状結晶はエトリンガイト,繊維状結晶は,ケイ酸石灰水和物であることが明らかにされている.

文　献

1) 土木学会:平成8年制定コンクリート標準示方書改訂資料,コンクリートライブラリー,第85号,1996.2.
2) 土木学会:コンクリート技術の現状と示方書改訂の動向,コンクリートライブラリー,79号,1994.7.
3) 伊藤裕二・古賀重利・青景平昌・笹谷照勝:高水圧下におけるコンクリートひびわれからの漏水に関する実験的研究,フジタ技術研究所報,第27号,1991.
4) 渡部直人:発電所廃棄物陸地貯蔵・処分用コンクリートピットの水密性に関する研究—ひびわれ部および継目部の透水性評価—,電力中央研究所報告,1987.9.
5) 寺山徹,大塚敬三,大友健:プレストレスによるひびわれ幅の低減効果,土木学会第43回年次学術講演会講演概要集V,pp. 296–297, 1988. 10.
6) 伊藤洋・坂口雄彦・西山勝栄・清水昭男:コンクリートクラック内の透水性に関する実験的研究,セメント技術年報,pp. 217–220, 1987.
7) Trost, H., Cordes, H. and Ripphausen, B.: Zur Wasserdurchlassigkeit von Stahlbetonbauteilen mit Trennrissen.: Beton- und Stahlbetonbau 84, H. 3., pp. 60–63, 1989.
8) 岡村甫・前川宏一・北村八郎・芳賀孝成・黒板敏正:低温液化ガス用コンクリート部材の貯液性能に関する研究,土木学会第45回年次学術講演会講演概要集V,pp. 304–305, 1990, 9.
9) 村田二郎・越川茂雄・伊藤義也:コンクリートにおける加圧浸透流に関する研究,コンクリート工学論文集,7-1, 2000. 1.
10) Ruettgers, E. N.: Investigation of the Permcability of Mass Concrete with Particular Reference to Boulder Dam, ACI Journal, March–April. 1935.
11) 田中享二:ケイ酸質系塗布防水材料,特集新機能性建築材料,GyPSum & Lime, No. 246, 1993.

あとがき

　本書は，恩師故吉田徳次郎先生ならびに，国分正胤先生に捧げることを心に期して，執筆に全力投入したのであるが，読み返して内容，表現ともに過不足が目につき，力不足を恥じるとともにコンクリート工学の奥深さを痛感した次第である．

　なお，やむを得ない事情により，予定していた「ひび割れと漏水」の章の執筆を断念したことは大変心残りである．ひび割れからの漏水問題は，コンクリートの水密性とは，別次元の問題であるが，実用上きわめて重要であるので，後代の方々にひび割れの的確な評価方法などを含め，抜本的な研究をお願いしたい．

付録　拡散係数の換算表について

コンクリートの水密性の尺度としての拡散係数は，1961年に提案され（村田，土木学会論文集第77号），その後2000年に一部が修正された（村田他：コンクリート工学論文集, Vol.11, No.1）. 1961年の提案では，コンクリート中の浸透流の先端水圧の平均値$P_f=1\,\mathrm{kgf/cm^2}$（実験値 1.2 kgf/cm^{2}を丸めたもの）としているが，その後，実験を重ね精査した結果，$P_f=0.15\,\mathrm{MPa}$（実験値 0.14～0.15 MPa）とするのが適切と判断し，2000年の修正となった．

$$\beta_0^2 = R\beta_i^2$$

ここに，

β_0^2：$P_f=0.15\,\mathrm{MPa}$ とした場合の初期拡散係数（cm^2/s）

β_i^2：$P_f=1\,\mathrm{kgf/cm^2}$ とした場合の初期拡散係数（cm^2/s）

R：換算係数（次頁表参照）

　$R=(\xi_A/\xi_B)^2$

　　ξ_A：$P_f=1\,\mathrm{kgf/cm^2}$ とした場合の水圧に関する係数

　　ξ_B：$P_f=0.15\,\mathrm{MPa}$ とした場合の水圧に関する係数

付表

水圧	(kgf/cm^2)	3	5	10	15	20	25	30
	(MPa)	0.29	0.49	0.98	1.47	1.96	2.45	2.94
$\xi_A(P_f=1\,\mathrm{kgf/cm^2})$		0.684	0.906	1.163	1.297	1.386	1.452	1.505
$\xi_B(P_f=0.15\,\mathrm{MPa})$		0.458	0.724	1.010	1.156	1.252	1.324	1.380
$R=(\xi_A/\xi_B)^2$		2.228	1.568	1.326	1.259	1.226	1.203	1.189

索　引

【あ】
ISO 国際規格試験方法「加圧浸透深さ試験方法」
　　46
アウトプット法　36

【い】
インプット法　40

【う】
打継目　104

【え】
AE 減水剤　61
AE 剤　60
鉛直打継目　107

【か】
加圧浸透流　2, 5
加圧透過流　2, 7
拡散係数　14
　　――の設計用値　136
　　――の特性値　135
完全乱流　21

【き】
キャピラリー定数　31
許容ひび割れ幅　130

【け】
ケイ酸質系塗布防水材　142
軽量骨材コンクリート　58, 119
ケミカルプレストレス　84

【こ】
限界透過水量　139

【こ】
高性能 AE 減水剤　61
高炉スラグ微粉末　75
高炉セメント　54

【さ】
最終浸透高さ（毛管浸透流の）　30, 31
砕石コンクリート　58

【し】
シート系防水材　142
初期拡散係数　18
シリカフューム　77
浸透拡散流　13
浸透係数　10
　　――の設計用値　136
　　――の特性値　135
浸透水量比　8

【す】
水平打継目　105

【せ】
設計用値（浸透係数および拡散係数の）　135

【そ】
総振動エネルギー　113
層流　21

【た】
耐透水指数　68
ダルシー浸透流　9

【て】
低レイノルズ数の流れ　21

【と】
特性値(浸透係数および拡散係数の)　135
塗膜系防水材　142

【は】
排水工　141

【ひ】
ひび割れ密度　88

【ふ】
フライアッシュ　66
分離低減剤　115

【へ】
平均最終浸透高さ　31

平均浸透速度(毛管浸透流の)　30

【ほ】
防水工　141
膨張材　82

【め】
面乱流　21

【も】
毛管浸透係数　30, 32
毛管浸透流　2, 28
　——の最終浸透高さ　30
　——の平均浸透速度　30

【れ】
RELEM 暫定基準の方法　52

【わ】
Weisbach の管路抵抗則　20

著者略歴

村田二郎　むらたじろう

専攻：土木工学
大正13年　東京都に生まれる
昭和22年　東京帝国大学第一工学部土木工学科卒業
昭和23年　山梨工業専門学校助教授
昭和29年　山梨大学助教授
昭和36年　東京都立大学助教授
　　　　　工学博士
昭和42年　東京都立大学教授
昭和63年　日本大学生産工学部土木工学科講師
現在　　　東京都立大学名誉教授

主著
高強度軽量骨材コンクリート，山海堂，1966
人工軽量骨材コンクリート，社団法人セメント協会，1967
コンクリート工学，彰国社，1967
土木材料2，共立出版，1974
土木施工法講座22，山海堂，1978
フレッシュコンクリートのレオロジー，山海堂，1980
コンクリート工学演習(第4版)，技報堂出版，1992
コンクリート技術100講(改訂新版)，山海堂，1993
コンクリート茶話館，技術書院，1994
コンクリートの科学と技術，山海堂，1996
土木材料コンクリート(第3版)，共立出版，1997
入門鉄筋コンクリート工学(第2版)，技報堂出版，1998
新土木実験指導書－コンクリート編－(第3版)，技報堂出版，2001
コンクリート工学(1)施工(新訂第5版)(わかり易い土木講座10，土木学会編)，彰国社，2002

コンクリートの水密性と
コンクリート構造物の水密性設計　　　定価はカバーに表示してあります．

2002年5月22日　1版1刷発行　　　　　　ISBN 4-7655-1623-7 C3051

著　者　　村　田　二　郎
発行者　　長　　　祥　　　隆
発行所　　技報堂出版株式会社

〒102-0075　東京都千代田区三番町8－7
　　　　　　　　　　　　（第25興和ビル）

日本書籍出版協会会員
自然科学書協会会員　　　電　話　営　業　（０３）（５２１５）３１６５
工学書協会会員　　　　　　　　　編　集　（０３）（５２１５）３１６１
土木・建築書協会会員　　FAX　　　　　　（０３）（５２１５）３２３３
　　　　　　　　　　　　振替口座　００１４０-４-１０
Printed in Japan　　　　http://www.gihodoshuppan.co.jp

Ⓒ Jiro Murata, 2002　　　装幀　海保　透　　印刷・製本　興英文化社

落丁・乱丁はお取り替え致します．
本書の無断複写は，著作権法上での例外を除き，禁じられています．

●小社刊行図書のご案内●

書名	編著者	判型・頁数
コンクリート便覧（第二版）	日本コンクリート工学協会編	B5・970頁
セメント・セッコウ・石灰ハンドブック	無機マテリアル学会編	A5・766頁
コンクリート工学 — 微視構造と材料特性	P.K.Mehtaほか著／田澤榮一ほか監訳	A5・406頁
コンクリート構造物の応力と変形 — クリープ・乾燥収縮・ひび割れ	A.Ghaliほか著／川上洵ほか訳	A5・446頁
コンクリートの高性能化	長瀧重義監修	A5・238頁
ハイパフォーマンスコンクリート	岡村甫ほか著	B5・250頁
コンクリートの長期耐久性 — 小樽港百年耐久性試験に学ぶ	長瀧重義監修	A5・278頁
鉄筋コンクリート工学 — 限界状態設計法へのアプローチ（第三版）	大塚浩司ほか著	A5・254頁
入門鉄筋コンクリート工学（第二版）	村田二郎編著	A5・256頁
コンクリートダムの設計法	飯田隆一著	B5・400頁
コンクリート構造物の診断と補修 — メンテナンス A to Z	R.T.L.Allenほか編／小柳洽監訳	A5・238頁
コンクリート土木構造物の補修マニュアル	日本塗装工業会編	B5・178頁
コンクリート橋のリハビリテーション	G.P.Mallett著／小柳洽監訳	A5・276頁
土木用語大辞典	土木学会編	B5・1700頁

●コンクリート構造物の耐久性シリーズ

アルカリ骨材反応　　塩害（Ⅰ）（Ⅱ）
化学的腐食　　中性化

岸谷孝一・西澤紀昭ほか編
A5・各124〜182頁

技報堂出版　TEL 編集03(5215)3161 営業03(5215)3165　FAX 03(5215)3233